ÉTUDE HISTORIQUE ET CHIMIQUE

POUR SERVIR A

L'HISTOIRE DE LA FABRICATION DU ROUGE TURC

OU D'ANDRINOPLE

ET A LA THÉORIE DE CETTE TEINTURE

EXTRAIT DU *MONITEUR SCIENTIFIQUE - QUESNEVILLE*

(ANNÉE 1876)

ÉTUDE HISTORIQUE ET CHIMIQUE

POUR SERVIR A

L'HISTOIRE DE LA FABRICATION DU ROUGE TURC

OU D'ANDRINOPLE

ET A LA THÉORIE DE CETTE TEINTURE

PAR

THÉODORE CHATEAU

CHIMISTE, MEMBRE CORRESPONDANT DES SOCIÉTÉS INDUSTRIELLES DE MULHOUSE, D'AMIENS, DE LYON
D'ÉMULATION DE LA SEINE-INFÉRIEURE
DES SCIENCES DE LILLE, DES INGÉNIEURS CIVILS, ETC.

« J'ai faict ici un pasquet de fleurs
estrangières, n'y ayant mis du mien
que le filet à les lier. » (MONTAIGNE.)

PARIS

CHEZ L'AUTEUR A AUBERVILLIERS, PRÈS PARIS

—

1876

ÉTUDE HISTORIQUE ET CHIMIQUE

POUR SERVIR A

L'HISTOIRE DE LA FABRICATION DU ROUGE TURC

OU D'ANDRINOPLE

ET A LA THÉORIE DE CETTE TEINTURE

> « J'ai faict ici un pasquet de fleurs
> estrangières, n'y ayant mis du mien
> que le filet à les lier. » (MONTAIGNE.)

PREMIÈRE PARTIE

Première section.

§ 1er.

Tout semble prouver, au dire de quelques historiens, que la teinture en rouge dit d'An-drinople, appelée aussi *rouge brûlé, rouge des Grecs, rouge turc, rouge de Turquie, rouge du Le-vant* et *rouge des Indes*, a pris naissance dans l'Inde (1), et que ce n'est qu'après s'être ré-pandue dans le Levant (Turquie, Asie-Mineure, Grèce, Syrie, Perse, etc.) et après avoir subi de grandes modifications, que cette industrie a été importée en France par des Grecs, vers le milieu du XVIIIe siècle (2).

---

(1) Tout porte à croire que, même les premiers procédés de teinture et d'impression des fils et tissus pratiqués en Europe, et particulièrement en France, ont été tirés des Indes, de la Perse, d'Égypte et de Syrie, mais surtout des Indes, comme semble le prouver avec une certaine évidence le nom seul ou l'étymologie même des principaux articles des teintureries françaises : 1° les tissus dits *Madras, Cachemires, Bandanas* (mouchoirs rouges à dessins blancs), *Madapoléom* (madapolam), noms qui rappellent quatre villes manufac-turières de l'Inde ; 2° les *indiennes* ; 3° les couleurs *rouge des Indes, rouge de Madras, Palliacate, nankin de Chine* ou *des Indes* ; 4° la substance même *indi-go* ; 5° le procédé de la *cure d'Inde* ; 6° les *Perses*, etc., etc.

(2) « On fait remonter à la plus haute antiquité, dit M. Dumas, la connaissance des procédés très-compli-qués qui sont nécessaires pour obtenir ce rouge ; car on admet qu'à l'époque des conquêtes d'Alexandre, ils étaient déjà connus et pratiqués des teinturiers de l'Inde ; de là le nom de *rouge des Indes* sous lequel on désigne souvent cette couleur. Les Levantins eurent à leur tour une connaissance très-complète de ces pro-cédés, et ils ont fourni pendant longtemps le coton rouge au commerce de l'Europe ; de là les noms de *rouge turc* et de *rouge d'Andrinople* qu'il porte encore aujourd'hui. »

(*Traité de chimie appliquée aux arts*; par M. Dumas, 1846, t. VIII, p. 401.)

Nous devons ajouter à cette citation de M. Dumas que, depuis les recherches si patientes et si laborieuses de D. Gonfreville, qui datent de 1830, il faut se bien pénétrer que le *rouge turc* et le *rouge des Indes* ne sont pas choses identiques.

Le *rouge turc* est, on le sait depuis longtemps, obtenu avec la *garance*, tandis qu'on ne sait que depuis 1830 que les *rouges des Indes* sont obtenus avec le *Chaya-ver*, lequel, tout en étant botaniquement une ru-biacée, n'est pas pour cela de la garance.

De plus, pour tout praticien exercé, les procédés pour obtenir les deux rouges ci-dessus ont des diffé-rences, pour ainsi dire, fondamentales, au point de vue de la nature de toutes les matières premières natu-relles mises en œuvre, indépendamment du mode de procéder des Indiens, plus favorable, au dire de D. Gon-freville, « à une combinaison intime et à une teinture bien fixe. » Nous le répétons, ces différences s'ap-précient parfaitement entre les rouges de Madras, de Maduré, de Palliacate, etc., — pour ne parler que des rouges, — et les imitations anglaises et françaises qui portent ces mêmes noms.

Longtemps les contrées du Levant possédèrent le secret de ce procédé de teinture, et, par suite, le commerce exclusif des cotons rouges leur en était acquis.

En Grèce, à l'époque où le voyageur Félix visitait ce pays dans les dernières années du XVIIIᵉ siècle, les principales fabriques de coton filé rouge étaient à cette époque établies dans la Thessalie. Il y en avait à Baba, à Rapsani, à Tournavos, à Larisse, à Pharsale, et dans tous les villages situés sur le penchant de l'Ossa et du Pélion. Les eaux de la vallée de Tempé, très-propres à la teinture, faisaient marcher une infinité de fabriques dont les plus renommées étaient celles d'Ambélakia (1).

Ce fut vers le milieu du siècle dernier que le procédé de teinture passa en France avec les teinturiers qu'on y appela de Smyrne, de Salonique et d'Andrinople (2).

Les ouvriers grecs, transplantés chez nous, exécutèrent rigoureusement la méthode de leur pays, en consacrèrent les mots et conservèrent leur langage, leur costume et leurs habitudes. On trouvait encore, à la fin du siècle dernier, des familles grecques à la tête de nos teintureries du Midi, dont les enfants, se vouant à la profession de leurs pères, formèrent partout des pépinières de teinturiers.

Il était difficile que des hommes isolés, enlevés à leur patrie, jetés au milieu d'une nation naturellement industrieuse, conservassent longtemps leur secret. Aussi leurs procédés furent-ils bientôt copiés, et, dix ans après leur établissement en France, on put voir leurs propres ouvriers s'essayer dans le même genre de teinture, copier et imiter parfaitement tout ce qu'ils avaient vu, appris ou pratiqué dans l'atelier de leurs maîtres. Bientôt, cet art se répandit et peu à peu nos fabriques s'affranchirent du joug inopportun de la Grèce, d'où elles tiraient leurs cotons, et de la dépendance des teinturiers grecs fixés chez nous. (Girardin.)

Voilà une première version. Voici des renseignements un peu plus positifs :

---

(1) La *Thessalie*, capitale Larisse, aujourd'hui province de la Turquie d'Europe, dépendant du gouvernement ou éyalet de Salonique.

Larisse, ou *Ienitcher*, assez grande ville située sur les bords du Pénée (la Salembria actuelle), 30,000 habitants. Plusieurs fabriques de coton, de soie, de maroquin, de tabac ; fameuses teintureries en rouge.

Tournavos (sur quelques cartes, *Tournavo*), jolie petite ville, à trois heures de Larisse, 6,000 habitants, la majeure partie Grecs. Renommée pour la fabrication d'étoffes légères ; tissus de coton et de soie, connus sous le nom de *bourses de la Grèce*.

Pharsale, ou *Sataldgé*, ou *Farsa*, ou *Pharsa*, ville de la Turquie d'Europe (Roumélie), à 20 kilomètres sud de Larisse, sur la rivière de son nom, qui est l'ancien *Énipée*. 5,000 habitants. Elle est bâtie près des ruines de l'ancienne Pharsale.

Baba, bourg de la Turquie d'Europe (Thessalie). Eyalet, et à 28 kilomètres nord-est de Larisse. Sur la rive droite de la Salembria, dans la vallée de Tempé. 2,000 habitants. Teinture d'étoffes.

Rapsani? Ne se trouve pas dans les dictionnaires géographiques.

Vallée de Tempé, située dans le nord-est de la Thessalie, resserrée entre la chaîne de l'Olympe (le Pélion), au nord, et celle de l'Ossa, au sud ; sa longueur est d'environ 8 kilomètres sur 35 mètres de largeur moyenne. Elle est traversée par la *Salembria* (ancien Pénée).

Ambélakia, Turquie d'Europe (Roumélie), à 20 kilomètres de Larisse, près de la rive droite de la Salembria, sur le versant occidental du mont Ossa.

(2) *Smyrne*, l'ancienne *Ismir*. Turquie d'Asie (Asie mineure). Eyalet de Smyrne. Bon port, au fond du golfe du même nom. Une des principales places commerciales du Levant. 185,000 habitants. Entrepôt général des produits du Levant, ainsi que des marchandises européennes et des denrées coloniales importées en échange.

Salonique, ancienne *Thermès* ou *Thessalonique*. Turquie d'Europe (Macédonie). Chef-lieu de l'éyalet du même nom. Port de mer, au fond du golfe de ce nom, à 455 kilomètres ouest de Constantinople. 100,000 habitants. Une des principales places commerçantes de la Turquie d'Europe. (Philippe avait donné le nom de Thessalonique à sa fille, en mémoire d'une victoire remportée sur les Thessaliens, et Cassandre, gendre de Philippe, fit donner le nom de sa femme à la ville de Thermès.)

Andrinople (Thrace). Turquie d'Europe, dans la Roumélie. Capitale de l'éyalet du même nom. Seconde ville de l'empire ottoman, située sur la Toundja, près de son confluent avec la Maritza. 120,000 habitants. Chez les Grecs, Andrinople s'appelait *Orestea*, au dire des écrivains byzantins.

Selon une autre opinion, ce nom ne lui a été attribué que pour lui prêter une origine antique, et Andrinople n'existait pas avant l'empereur Adrien, qui la fit bâtir sur la rive droite de l'Hèbrus, lui donna son nom (*Adrianopolis*) et en fit la capitale de la province Hœmi-montana.

§ II

C'est, dit-on, de 1750 à 1760 qu'eut lieu à Rouen l'*importation* et le perfectionnement du procédé de teinture en **rouge des Indes ou d'Andrinople**, fait d'une importance considérable, qui imprima un grand essor à la fabrication des *rouenneries*.

On admet généralement qu'en 1747, des ouvriers grecs furent appelés par MM. Fesquet, Goudard et d'Haristoï, habiles teinturiers normands qui formèrent deux établissements, l'un à Darnétal, près Rouen, et l'autre en Languedoc, à Aubenas (Ardèche).

En 1748, un industriel du nom de Flachat, qui avait séjourné longtemps dans l'empire ottoman, ramena des ouvriers avec lesquels il forma, à Saint-Chamond (1), près Lyon, une manufacture de coton en rouge d'Andrinople, ville dont les produits jouissaient de la plus grande réputation ; mais ces étrangers ne purent tenir leurs procédés longtemps secrets, ils eurent bientôt de nombreux imitateurs. D'abord on teignit le coton en écheveau, puis, au commencement de ce siècle (1811), les maisons Nicolas Kœchlin frères, d'une part, et L. Weber, d'une autre, teignirent directement des toiles en cette couleur.

Gabriel Gervais, l'un des fondateurs de la Société libre du commerce et de l'industrie de Rouen (2), assure que la découverte du rouge d'Andrinople est bien due aux efforts multipliés des Rouennais, notamment de Fesquet (1748), de Pinel, de Goudard et d'Haristoï (3) (1754), de Vincent (1756), de Le Pileur d'Appligny (1759), d'Auvray, de Palfrenes et de La Folie ; il avance que les ouvriers grecs appelés de Smyrne dans le midi de la France, à une époque où les teinturiers que nous venons de nommer avaient déjà obtenu de grands succès, ont tout au plus contribué à perfectionner leurs premiers procédés, qui bientôt, du reste, devinrent fort supérieurs aux procédés des Grecs, à tel point que cette industrie est depuis lors restée la propriété presque exclusive des Rouennais, jusqu'au jour où l'Alsace est venue prendre sa part d'une fabrication inséparable du travail des toiles peintes, auquel il offre des ressources particulières.

Ce qu'il y a de certain, c'est que déjà, de 1760 à 1770, les rouges de Rouen étaient devenus beaucoup plus vifs qu'ils ne l'avaient jamais été dans les mains des teinturiers du Levant et de la Provence.

Ajoutons que, vers 1760, l'abbé Mazéas (4) publia des expériences qui répandirent un grand

(1) *Saint-Chamond* (Loire), sur la rivière de Janon, arrondissement de Saint-Étienne.

(2) Fondée le 28 décembre 1796 et fusionnée avec la Société libre d'émulation de Rouen, fondée en 1790 et organisée le 21 janvier 1792. La nouvelle société, résultant de la fusion des deux sociétés ci-dessus, a été constituée le 21 février 1853, sous le nom de *Société libre d'émulation, du commerce et de l'industrie de la Seine-Inférieure*.

(Consulter à ce sujet la *Notice historique* de M. Léon Vivet. — *Annuaire normand pour 1845*.)

Gervais (Gabriel-Jean), dont il est ici question, était fabricant à Rouen ; il est l'auteur d'un très-intéressant Mémoire qu'il a adressé, en 1808, à la Société d'émulation de la Seine-Inférieure, à propos des questions suivantes proposées par ladite société :

À quelle époque a-t-on commencé à teindre le coton en *rouge des Indes*, à Rouen ?

Quels ont été le développement et les progrès de ce genre d'indiennes, et enfin quel est l'état actuel (1808) de cette branche de teinture, tant sous le rapport des produits que sous ceux du nombre d'établissements en activité et des ouvriers qui y sont employés ? (Séance publique du 9 juin 1808, p. 13 à 16.)

En 1816, on retrouve ce même savant collaborant à un Mémoire lu par Arvers (à la même Société) intitulé : *Recherches sur l'origine et les progrès de la fabrication des toiles imprimées à Rouen, dites indiennes*. (Séance publique du 2 juillet 1816, p. 64 à 79.)

Gervais est mort à Rouen, le 16 avril 1819.

(3) Ouin-Lacroix, dans son curieux ouvrage sur les anciennes corporations de Rouen, parle de Fesquet sous le nom de Fiquet, et Goudard sous celui de Dugard.

Nous devons une partie des renseignements biographiques sur quelques industriels ou savants rouennais qui ont contribué à l'introduction du rouge turc à Rouen, à la bienveillante obligeance de MM. Chouilloux et Léon Vivet père et fils, nos honorables collègues de la Société d'émulation de la Seine-Inférieure.

(4) Tout porte à croire que l'abbé Mazéas n'a pas été sans avoir eu connaissance des correspondances des missionnaires jésuites, dont il est question dans la suite de ce travail.

L'abbé Mazéas, ou plutôt le chanoine Mazéas (Guillaume), est né à Landerneau en 1712, et est mort à

jour sur cette teinture, et que, en 1765, le gouvernement fit publier, d'après les renseignements qu'il s'était procuré, une instruction sous ce titre : *Mémoire concernant le procédé de la teinture du coton rouge incarnat d'Andrinople sur le coton filé.* On trouve aussi une description du même procédé dans le *Traité sur l'art de la teinture des fils et étoffes de coton*, de Le Pileur d'Appligny (1776), deuxième édition (1798), ainsi que dans l'*Essai sur l'art de la teinture*, de Schaeffer) 1803) ; dans le *Traité du rouge des Indes*, de Chaptal (1807) ; dans le *Cours élémentaire de teinture*, de Vitalis (1823).

Ce sont encore deux Rouennais, Arvers (1), pharmacien, et Saint-Evron (2), médecin, qui imaginèrent, en 1785, d'aviver ce rouge des Indes au moyen d'un sel d'étain, et qui donnèrent ainsi à cette couleur l'éclat et le reflet qui lui assurent une supériorité marquée sur les tissus teints dans le Levant et dans les Indes.

C'est encore un Français (Rouennais?), nommé Papillon (3), qui introduisit en Angleterre les procédés de teinture en rouge turc.

« Les commissaires pour les manufactures en Écosse, dit le docteur Andrew Ure, payèrent en 1790, à Papillon, qui avait formé quelque temps auparavant, à Glascow, un établissement de teinture en rouge d'Andrinople, une prime pour qu'il communiquât son procédé au professeur Black (4), à condition de le tenir secret pendant un certain nombre d'années, après l'expiration desquelles le procédé devait être rendu public. » Cette dernière condition ayant été remplie, le docteur Ure donna la description du procédé Papillon dans son *Dictionnaire des arts et manufactures*.

Ce procédé trouvera sa place dans la deuxième partie de ce Mémoire.

La supériorité si vite acquise par les Rouennais provient en partie de la circonstance suivante : le coton qu'on veut teindre en rouge turc doit être soumis à plusieurs bains préparatoires, entre chacun desquels il faut qu'il soit desséché complètement, faute de quoi les mordants prennent mal et la couleur a moins de vivacité et de ténacité. Or, le climat de la Seine-Inférieure, souvent humide et froid, ne permettait pas de s'en rapporter pour cette opération à la température de l'atmosphère ; il fallut, dès les premiers temps, employer les sécheries chauffées artificiellement. On reconnut bientôt que le degré de chaleur le plus convenable était de 62 à 66° centigrades, température bien supérieure à celle de l'atmosphère, même en Provence. On dut donc nécessairement mieux réussir à Rouen, au moyen du séchage artificiel, qu'en Provence, où le séchage à l'air se maintint jusqu'à 1808.

Vannes en 1776. Il était correspondant de l'Académie des sciences et de la Société royale de Londres. Il a laissé un grand nombre de Mémoires sur l'optique, la minéralogie et la chimie appliquée à l'industrie.

(1) On retrouve ce même Arvers lisant encore, en juin 1813, à la Société libre d'émulation de Rouen, un Mémoire *Sur l'emploi du muriate d'étain dans la teinture et surtout dans celle des cotons en rouge des Indes*. (Séance publique du 9 juin 1813, p. 19, 20 et 21.) Arvers est mort à Rouen, le 6 mai 1845.

(2) Ouin-Lacroix dit à tort que Saint-Evron était teinturier. M. Léon Vivel, qui l'a connu, m'affirme qu'il était médecin.

Saint-Evron est mort à Saint-Martin, près Étrépagny, en septembre 1864.

(3) Papillon est mort en 1864, à l'asile des aliénés de Quatremare, à Rouen.

(4) Black (Joseph), célèbre chimiste anglais, né en 1728, à Bordeaux, de parents écossais établis en France. Mort à Édimbourg en 1799. A consulter ses *Leçons de chimie*, publiées en 1803.

5) *Elberfeld*, Prusse rhénane, région de Dusseldorf, à 37 kilomètres de Cologne, sur la Wupper. C'est une des villes manufacturières les plus importantes de l'Allemagne ; c'est le centre de l'industrie cotonnière de la Prusse. Étoffes imprimées, teintureries en rouge turc datant de 1780.

Brême, ancienne ville libre de l'ancienne Confédération germanique, sur le Weser. Entrepôt de commerce de tout le bassin du Weser (en allemand, *Bremen*).

Augsbourg (Bavière), province de Souabe-et-Neubourg, au confluent du Lech et de la Wertach, à 50 kilomètres de Munich (en allemand, *Augsburg*).

Mariakirch, ou *Markirch*, ou *Sainte-Marie-aux-Mines*, dans l'ancien Haut-Rhin, à 35 kilomètres de Colmar. Fabrique de cotonnades, tissus de coton, madras, rouenneries ; teintureries en rouge d'Andrinople. Situé sur la Liepvrette, au fond du val de Liepvre.

§ III

Le procédé de teinture en rouge d'Andrinople se propagea ensuite dans l'Alsace, la Suisse et à Bâle, dans le Wurtemberg, à Elberfeld (en 1780) (5), à Brême, à Augsbourg, etc., où il était en partie employé avec une perfection inconnue avant, mais que le bas prix de la teinture ne permettait pas toujours d'exécuter complétement.

En 1808, Reber, à Mariakirch, livrait le plus beau fil rouge d'Andrinople, et la fabrique de M. Kœchlin se distinguait par la solidité de ses indiennes rouges (1).

D'après des renseignements qui nous ont été communiqués par un de nos amis, M. Achille Bulard, qui habite Moscou depuis l'année 1868, la teinture du coton en rouge turc aurait été introduite en Russie, pour le fil, en 1830, par M. François Rabeneck; pour le tissu, en 1843, par M. Louis Rabeneck.

D'autre part, si on consulte le Catalogue officiel spécial de la section russe à l'Exposition de 1867, on constate en Russie l'existence d'indienneries en rouge turc avant 1830. La plus ancienne qui figure dans ledit catalogue est celle de MM. Prokhoroff frères, fondée en 1801; puis celle de Trétiakoff frères, fondée en 1809; celle de MM. Manouiloff frères, en 1820; de M. Konschine, en 1822; de M. Émile Zindel, en 1825. Toutes ces indienneries sont établies à Moscou ou dans le gouvernement de Moscou.

Les teintureries de MM. Basile Zouboff (1832), Louis Rabeneck (1833), Zoubkoff frères (1835), de Morozoff (1837), dans le gouvernement de Vladimir; sauf celle de M. L. Rabeneck, dans le gouvernement de Moscou.

Enfin les teintureries de MM. Baranoff frères, de M. Hubner, fondées en 1817.

PROCÉDÉS INDIENS

Les curieux documents que nous allons faire connaître montreront que c'est bien vers le milieu du siècle dernier que le secret du rouge des Indes s'introduisit en Europe, et, sans vouloir en rien diminuer le mérite et la valeur des efforts si persévérants des Rouennais cités ci-dessus, et des résultats remarquables auxquels ils sont parvenus, tout nous porte à croire que les premiers renseignements sur le rouge des Indes pénétrèrent en Europe et particulièrement en France par des correspondances de missionnaires de la Compagnie de Jésus, ou tout au moins que ces correspondances ne sont étrangères ni à l'introduction de la fabrication du rouge des Indes en France, ni aux perfectionnements apportés au début par les teinturiers français.

Voici d'ailleurs une suite de très-curieuses lettres de missionnaires jésuites, dans lesquelles on trouvera des détails excessivement intéressants sur la fabrication des toiles peintes dans les Indes (2).

§ IV

La plus ancienne de ces lettres remonte au 18 janvier 1742 et est adressée par le Père Cœur-Doux au Révérend Père Du Halde. Elle est imprimée dans le 26e recueil des *Lettres édifiantes et curieuses*, année 1743.

---

(1) *Traité complet des matières colorantes et des couleurs*; par J.-G. Leuchs; Paris, 1829.

(2) D. Gonfreville, dans ses Mémoires sur les procédés de teinture des Indes, s'attribue à tort, selon nous, le mérite exclusif d'avoir fait connaître en France les détails des procédés indiens, pour la peinture et la teinture des divers tissus si anciennement et si justement renommés de l'Inde.

Poivre, Reynouard, Roxburg, Le Goux de Flayx, sont, d'après lui, les seuls auteurs d'ouvrages sur l'Inde qui aient donné « quelques Notes » sur l'industrie des Indiens. Il accorde cependant « quelque authenticité » aux correspondances de plusieurs missionnaires jésuites; mais, tout en admettant avec lui que ces missionnaires et les savants voyageurs cités plus haut n'étaient pas des praticiens consommés, comme il est incontestable que lui l'était, nous le trouvons néanmoins trop exclusif à l'égard du mérite réel de l'ensemble de ces correspondances, qui, nous le répétons, ont dû être d'une utilité incontestable entre les mains des hommes spéciaux de cette époque, et particulièrement entre celles des savants rouennais.

« Mon Révérend Père,

Aux Indes Orientales, ce 18 janvier 1742.

La paix de N.-S. [1].

« Je n'ai pas oublié ce que vous m'avez recommandé dans plusieurs de vos lettres, de vous faire part des découvertes que je pourrais faire dans cette partie de l'Inde ; vous êtes persuadé qu'on y peut acquérir des connaissances qui, étant communiquées à l'Europe, contribueraient peut-être aux progrès des sciences, ou à la perfection des arts. Je serais entré plus tôt dans vos vues si des occupations presque continuelles n'avaient pas emporté tout mon temps.

« Enfin, ayant eu quelques moments de loisir, j'en ai profité pour m'instruire de la manière dont les Indiens travaillent ces belles toiles qui font partie du négoce des Compagnies établies pour étendre le commerce, qui, traversant les plus vastes mers, viennent du fond de l'Europe les chercher dans des climats qui en sont si éloignés.

« Ces toiles tirent leur valeur et leur prix de leur vivacité, et, si j'ose le dire, de la ténacité et de l'adhérence des couleurs dont elles sont teintes, et qui est telle que, loin de perdre leur éclat quand on les lave, elles n'en deviennent que plus belles. C'est à quoi l'industrie européenne n'a pu encore atteindre, que je sache. Ce n'est pas faute de recherches dans nos habiles physiciens ni d'adresse dans nos ouvriers, mais il semble que l'Auteur de la nature ait voulu dédommager les Indes des avantages que l'Europe a. d'ailleurs, sur ce pays, en leur accordant des ingrédients et surtout des eaux dont la qualité particulière contribue beaucoup à la beauté de ce mélange de peinture et de teinture des toiles de l'Inde.

« Ce que j'ai à vous dire, mon Révérend Père, sur ces peintures indiennes, c'est ce que j'ai appris de quelques néophytes habiles en ce genre d'ouvrage, auxquels j'ai conféré depuis peu le baptême. Je les ai questionnés à diverses reprises et séparément les uns des autres, et ce sont leurs réponses que je vous envoie.

« 1° Avant que de se mettre à peindre sur la toile, il faut lui donner les préparations suivantes : prenez une pièce de toile neuve, fine et serrée, la longueur la plus commune est de 9 coudées ; blanchissez-la à moitié.

« 2° Prenez des fruits secs nommés cadou ou cadoucaïe [2], au nombre d'environ 25, ou pour parler plus juste, le poids de 3 palam [3]. Ce poids indien équivaut à 1 once et 1/16, puisque 14 palams et 1/4 font 1 livre. Cassez ce fruit pour en tirer le noyau qui n'est d'aucune utilité. Réduisez ces fruits secs en poudre : les Indiens le font sur une pierre et se servent pour cela d'un cylindre de pierre qu'ils emploient comme les pâtissiers lorsqu'ils broyent et étendent leur pâte.

« 3° Passez cette poudre par le tamis et mettez-la dans 2 pintes ou environ de lait de bufle, augmentant le lait et le poids du cadou selon le besoin et la quantité des toiles.

« 4° Trempez-y peu de temps après la toile autant de fois qu'il est nécessaire, afin qu'elle soit bien humectée de ce lait, vous la retirerez alors, vous la tordrez fortement et la ferez sécher au soleil.

« 5° Le lendemain, vous laverez légèrement la toile dans de l'eau ordinaire, vous en exprimerez l'eau en la tordant et, après l'avoir fait sécher au soleil, vous la laisserez au moins un quart d'heure à l'ombre.

« Après cette préparation, qu'on pourrait appeler intérieure, on peut passer à une autre que je nommerais volontiers extérieure, parce qu'elle n'a pour objet que la superficie de la toile. Pour la rendre plus unie, et que rien n'arrête le pinceau, on la plie en quatre ou en six

---

(1) Au point de vue de la vérité historique, l'auteur de ce Mémoire tient à reproduire textuellement ces lettres et à leur conserver leur caractère.

(2) Cadoucaïe, en langue tamoul (langue des Indes), Kadukai, et même Tanikai et Kanekai (voir plus loin la note sur les myrobolans).

(3) Un palam ou palom est la quatorzième partie d'une livre, soit 33gr.1/7.

doubles, et avec une pièce de bois on la bat sur une autre pièce de bois bien unie, observant de la battre partout également; et quand elle est suffisamment battue dans un sens, on la plie dans un autre, et on recommence la même opération.

« Il est bon, mon Révérend Père, de faire ici quelques observations que vous ne jugerez pas tout à fait inutiles : 1° Le fruit *cadou* se trouve dans les bois, sur un arbre d'une médiocre hauteur; il se trouve presque partout, mais principalement dans le *Malleialam*, pays montagneux, ainsi que le signifie son nom, qui s'étend considérablement le long de la côte de Malabar; 2° ce fruit sec, qui est de la grosseur de la muscade, s'emploie ici par les médecins et il entre surtout dans les remèdes qu'on donne aux femmes nouvellement accouchées; 3° il est extrêmement âpre au goût, cependant quand on en garde un morceau dans la bouche pendant un certain temps, on lui trouve, à ce que disent quelques-uns, un petit goût de réglisse; 4° si, après en avoir humecté médiocrement et brisé un morceau dans la bouche, on le prend entre les doigts, on le trouve fort gluant. C'est en bonne partie à ces deux qualités, je veux dire à son âpreté et à son *onctuosité* (1) qu'on doit attribuer l'*adhérence* des couleurs dans les toiles indiennes, et surtout à son âpreté. C'est au moins l'idée des peintres indiens.

« Il y a longtemps que l'on cherche en Europe l'art de fixer les couleurs et de leur donner cette adhérence qu'on admire dans les toiles des Indes. Peut-être en découvrirai-je le secret, du moins pour plusieurs couleurs en faisant connaître le *cadoucaïe*, surtout sa principale qualité qui est son âpreté. Ne pourrait-on point trouver en Europe des fruits analogues à à celui-ci? Les noix de galle, les nèfles séchées avant leur maturité, l'écorce de grenade ne participeraient-elles pas beaucoup aux qualités du *cadou*?

« J'ajouterai à ce que je viens de dire quelques expériences que j'ai faites sur le *cadou*. 1° De la chaux délayée dans l'infusion de *cadou* donne du vert. S'il y a trop de chaux, la teinture devient brune. Si l'on verse sur cette teinture brune une trop grande quantité de cette infusion, la couleur paraît d'abord blanchâtre, peu après la chaux se précipite au fond du vase; 2° un linge blanc trempé dans une forte infusion de *cadou* contracte une couleur jaunâtre fort pâle : mais quand on y a mêlé du lait de buffle, le linge sort avec une couleur orangé un peu pâle; 3° ayant mêlé un peu de notre encre d'Europe avec l'infusion de *cadou*, je remarque au dedans en plusieurs endroits une pellicule bleuâtre semblable à celle qu'on voit sur les eaux ferrugineuses, avec cette différence que cette pellicule était dans l'eau même à quelque distance de la superficie. Il serait aisé, en Europe, de faire des expériences sur le *cadou* même, parce qu'il est facile d'en faire venir des Indes. Ces fruits sont à très-grand marché, et on en a une trentaine pour un sol de notre monnaie.

« Pour ce qui est du lait de buffle qu'on met avec l'infusion de *cadoucaïe*, on le préfère à celui de vache, parce qu'il est beaucoup plus gras et plus onctueux. Ce lait produit pour les toiles le même effet que la gomme et les autres préparations que l'on emploie pour le papier afin qu'il ne boive pas. En effet, j'ai éprouvé que notre encre, peinte sur une toile préparée avec le *cadou*, s'étend beaucoup et pénètre de l'autre côté. Il en arrive de même de la peinture noire des Indiens.

« Ce qu'il y a encore à observer, c'est que l'on ne se sert pas indifféremment de toutes sortes de bois pour battre les toiles et les polir. Le bois sur lequel on les met et celui qu'on emploie pour les battre sont ordinairement du *tamarinier* (2), ou d'un autre arbre nommé *porchi* (3), parce qu'ils sont extrêmement compactes quand ils sont vieux. Celui qu'on emploie pour battre se nomme *cottapouli* (4); il est rond, long d'environ une coudée et gros comme la jambe, excepté à une extrémité qui sert de manche. Deux ouvriers assis vis-à-vis l'un de

---

(1) D'après cela, le *cadou* contiendrait non-seulement un principe tannant, mais encore une espèce de mucilage.

(2) *Tamarinier* (*Tamarindus indica*, légumineuses, Linnée). Grand et bel arbre qui croît dans les deux Indes, ainsi que dans l'Égypte et dans l'Arabie.

(3) *Porchi*, ou plutôt *porcher*, d'après D. Gonfreville.

(4) *Cottapouli*, ou plutôt *cotta-pouley*.

l'autre battent la toile à l'envi. Le coup d'œil et l'expérience ont bientôt appris à connaître quand la toile est polie et tissée au point convenable.

« 6° La toile ainsi préparée, il faut y dessiner les fleurs et les autres choses qu'on veut y peindre. (Suit la description des moyens employés par les Indiens. — Voir plus loin la lettre de M. de Beaulieu à M. Dufay. 1760.)

« 7°-8° Il s'agit maintenant de peindre les couleurs sur ce dessin ; la première qu'on applique c'est le noir. (Suit la description de la peinture en noir et en bleu par l'indigo.)

« 9° Après le bleu, c'est le rouge qu'il faut peindre ; mais on doit auparavant retirer la cire de la toile, la blanchir et la préparer à recevoir cette couleur.

« Telle est la manière de retirer la cire : on met la toile dans de l'eau bouillante, la cire se fond, on diminue le feu, afin qu'elle surnage plus aisément et on retire avec une cuiller le plus exactement qu'il est possible ; on fait de nouveau bouillir avec de l'eau afin de retirer ce qui pourrait y rester de cire. Quoique cette cire soit devenue fort sale, elle ne laisse pas que de servir encore pour le même usage. Pour blanchir la toile on la lave avec de l'eau, on la bat 9 à 10 fois sur la pierre, et on la met tremper dans d'autre eau, où l'on a délayé des *crottes de brebis*. On la lave encore, et on l'étend pendant trois jours au soleil, observant d'y répandre légèrement de l'eau de temps en temps, ainsi qu'on l'a dit plus haut. On délaye ensuite dans de l'eau froide une sorte de terre nommée *Ola* (1) dont se servent les blanchisseurs, et l'on y met tremper la toile pendant environ une heure, après quoi on allume du feu sous le vase, et quand l'eau commence à bouillir, on en ôte la toile pour aller la laver dans un étang au bord duquel on la bat environ 400 fois sur la pierre, puis on la tord fortement. Ensuite on la met tremper pendant un jour et une nuit dans de l'eau où l'on a délayé une petite quantité de *bouse de vache* ou de *buffle femelle*. Après cela on la retire, on la lave de nouveau dans l'étang et on la déploie pour l'étendre pendant un demi-jour au soleil et l'arroser légèrement de temps en temps.

« On la remet encore sur le feu dans un vase plein d'eau, et quand l'eau a un peu bouilli, on en retire la toile pour la laver encore une fois dans l'étang, la battre un peu, et la faire sécher.

« Enfin, pour rendre la toile propre à recevoir et retenir la couleur rouge, il faut réitérer l'opération du *cadoucaïe*, comme je l'ai rapporté au commencement, c'est-à-dire qu'on trempe la toile dans l'infusion simple du *cadou*, qu'on la lave ensuite, qu'on la bat sur la pierre, et qu'on la fait sécher, qu'après cela *on la fait tremper dans du lait de buffle*, qu'on l'y agite, et qu'on la frotte pendant quelque temps avec les mains ; que quand elle en est parfaitement imbibée, on la retire, on la tord et on la fait sécher ; qu'alors, s'il doit y avoir dans les fleurs rouges des traits blancs, comme sont souvent les pistils, les étamines et autres traits, on peint ces endroits avec de la cire, après quoi on peint enfin avec un pinceau indien le rouge qu'on a préparé auparavant. Ce sont communément des enfants qui peignent le rouge, parce que ce travail est moins pénible, à moins qu'on ne voulût faire un travail plus parfait.

« Venons maintenant à la manière dont il faut préparer le rouge : Prenez de l'eau âpre, c'est-à-dire de l'eau de certains puits particuliers à laquelle on trouve ce goût. Sur 2 pintes d'eau, mettez 2 onces d'*alun* réduit en poudre ; ajoutez-y 4 onces de bois nommé *vartangui* (2), ou bois de *sapan*, réduit aussi en poudre. Mettez le tout au soleil pendant deux jours, prenant garde qu'il n'y tombe rien d'aigre et de salé, autrement la couleur perdrait beaucoup de sa force. Si l'on veut que le rouge soit plus foncé, on y ajoute de l'alun : on y verse plus d'eau quand on veut qu'il le soit moins, et c'est par ce moyen qu'on fait le rouge pour les nuances et les dégradations de cette couleur.

---

(1) Probablement l'*Olla munnoo*, ou terre saline, indiqué par D. Gonfreville. Terre alcaline valant 1 pagode, ou 8 fr. 40 les dix charretées. Cette terre alcaline se tire de Codour ou d'Odiampett, près de Pondichéry ; elle est très-sensiblement salée et laisse la saveur du sel marin ou du nitre (D. Gonfreville).

(2) D. Gonfreville écrit *vartanguy*, dont le prix sur place était, en 1830, de 14 roupies le barr ou 14 centimes le kilogramme. (La roupie = 2 fr. 40, le *barr* ou *candy* = 480 livres françaises ou 240 kilogrammes, ou 500 livr anglaises. e *vartangui*, *vartanguy*, ou *vertanguy*, est le nom indien du *cæsalpinia-sappan*.)

« 10° Pour composer une couleur de lie de vin et un peu violette, il faut prendre 1 partie du rouge dont je viens de parler, et 1 partie égale du noir dont j'ai marqué plus haut la composition. On y ajoute 1 partie égale de *canje de ris* (1) gardé pendant trois mois, et de ce mélange il en résulte la couleur dont il s'agit. Il règne une superstition ridicule parmi plusieurs gentils ! au sujet de ce *canje aigri :* celui qui en a s'en servira lui-même tous les jours de la semaine ; mais le dimanche, le jeudi et le vendredi il en refusera à d'autres qui en manqueraient. Ce serait, disent-ils, chasser leur dieu de leur maison que d'en donner ces jours-là. Au défaut de ce vinaigre de *canje* an peut se servir de vinaigre de *callou* (2) ou de *vin de palmier*.

« 11° On peut composer plusieurs couleurs dépendantes du rouge, qu'il est inutile de rapporter ici : il suffit de dire qu'elles doivent se peindre en même temps que le rouge, c'est-à-dire avant que de passer aux opérations dont je parlerai, après que j'aurai fait quelques observations sur ce qui précède.

« 1° Ces puits dont l'eau est âpre ne sont pas fort communs, même dans l'Inde ; quelquefois il ne s'en trouve qu'un seul dans toute une ville ; 2° j'ai goûté de cette eau, je ne lui ai point trouvé le goût qu'on lui attribue, mais elle m'a paru moins bonne que l'eau ordinaire ; 3° on se sert de cette eau préférablement à toute autre, afin que le rouge soit plus beau, disent les uns, et suivant ce qu'en disent d'autres plus communément, c'est une nécessité de s'en servir, parce qu'autrement le rouge ne tiendrait pas.

« C'est d'Achen (3) qu'on apporte aux Indes le bon *alun* et les bons bois de sapan.

« Quelque vertu qu'ait l'eau âpre pour rendre la couleur rouge adhérente, elle ne tiendrait pas suffisamment, et ne serait pas belle si on manquait d'y ajouter la teinture d'*Iurbourd* : c'est ce qu'on appelle plus communément *chaiaver* ou racine de *chaia* (4). Mais avant que de la mettre en œuvre, il faut préparer la toile en la lavant dans l'étang le matin, en l'y plongeant plusieurs fois, afin qu'elle s'imbibe d'eau, ce qu'on a principalement en vue, et ce qui ne se fait pas promptement à cause de l'onctuosité du lait de buffle, où auparavant l'on avait mis cette toile. On la bat une trentaine de fois sur la pierre et on la fait sécher à moitié.

« Tandis qu'on préparait la toile, on a dû aussi préparer la racine de *chaia*, ce qui se pra-

---

1) *Canje de ris, caye de ris, canque de ris, canque aigre,* eau de riz aigrie par son exposition à l'air. C'est peut-être aussi l'eau de riz aigrie dans le décrûage des étoffes de soie aux Indes. La *canje* est l'eau de riz qui sert de colle, d'où le verbe *canjer* qui équivaut à celui d'*encoller, de parer*. La canje se prépare avec du riz vert (*patchey areely*) ; on ne s'en sert que le lendemain de sa préparation, après qu'elle est un peu fermentée.

(2) *Vinaigre de callou,* liqueur aigrie du fruit du cocotier.

(3) *Achen,* peut-être *Ac-Kend* ou *Ak-Kend,* ville de Perse, dans l'Irâh Persique ? Peut-être aussi *Tachkend,* ville importante de négoce de l'Asie centrale, aujourd'hui ville russe.

(4) *Chaya, chaïa, chayaver, chaya-ver* ou *chaya-vair* (signifiant *racine de chaya*) ; *chayver, vais de chaye, saya-ver, imburet-tam ; iurbouré* ou *imbouré* des Tamouls ; *ishery vello* des Telingas ; *chay-root* et *eastindia madder* des Anglais. (Le *télinga,* langue des Indes, comme le tamoul.) Racine d'une rubiacée analogue à la garance. Le chayaver est la racine de l'*Oldenlandia umbellata* (tribu des Héliotidées). — (*Oldenlandia,* nom d'un botaniste danois.)

M. Gonfreville, qui a étudié avec soin les procédés employés dans l'Inde pour l'application du *chayaver,* a fait à ce sujet des remarques propres à fixer sur cette racine toute l'attention de l'industrie. Elle donne de belles couleurs sur le coton, sur des apprêts d'huile, sans engallage, sans alun, sans mordant d'étain. L'étoffe se teint à froid ; de simples lavages à l'eau suffisent pour aviver la couleur. Cependant, il vaut mieux employer le chayaver sur coton huilé et mordancé, et faire les avivages ordinaires, qu'il supporte parfaitement bien. Cette racine possède une réaction acide qui exige l'usage d'une eau calcaire pour la teinture.

Le *chayaver* est cultivé dans plusieurs parties de l'Inde, mais surtout à la côte de Coromandel. Il est employé pour obtenir le *rouge brun de Paliacate,* généralement mis à profit pour les *chites* (sorte de *toiles peintes* des Indes Orientales imprimées en pointe, quelquefois des deux côtés, avec des planches de bois) ; pour le *rouge enfumé* des mouchoirs de Madras ; pour le *rouge vif de Maduré* pour turbans ; enfin, pour le *violet de Norpely* ou *Nerpely,* et le *noir d'Oulgaret.* (Ces deux dernières localités sont des addées ou villages près de Pondichéry, où se trouvent d'importantes teintureries.)

Mais le chayaver ne contient que le tiers ou le quart de la matière colorante que les bonnes garances ren-

tique de cette manière : Prenez de cette racine bien sèche, réduisez-la en poudre très-fine, en la pilant bien dans un mortier de pierre et non de bois, ce qu'on recommande expressément, jetant de temps en temps dans le mortier un peu d'eau âpre. Prenez de cette poudre environ 3 livres et mettez-la dans deux seaux d'eau ordinaire que vous aurez fait tiédir, et ayez soin d'agiter un peu le tout avec votre main. Cette eau devient rouge, mais elle ne donne à la toile qu'une assez vilaine couleur, aussi ne s'en sert-on que pour donner aux autres couleurs rouges leur dernière perfection.

« Il faut plonger pour cela la toile dans cette teinture, et afin qu'elle la prenne bien, l'agiter et la tourner en tout sens pendant une demi-heure qu'on augmente le feu sous le vase, et lorsque la main ne peut plus soutenir la chaleur de la teinture, ceux qui veulent que leur ouvrage soit plus propre et plus parfait ne manquent pas d'en retirer la toile, de la tordre, et de la faire bien sécher. En voici la raison : quand on peint le rouge, il est difficile qu'il n'en tombe quelques gouttes dans les endroits où il ne doit point y en avoir; il est vrai qu'alors le peintre a soin de les enlever avec le doigt autant qu'il peut, mais il reste toujours des taches que la teinture de *chaïa* rend d'abord plus sensibles. C'est pourquoi, avant de passer outre, on retire la toile, on la fait sécher comme je viens de dire, et l'ouvrier recherche ces taches et les enlève le mieux qu'il peut avec un *limon* coupé en deux parties. (*Limon*, citron.)

« Les taches étant effacées, on remet la toile dans la teinture, on augmente le feu jusqu'à ce que la main n'en puisse plus soutenir la chaleur; on a soin de la tourner et retourner en tout sens pendant une demi-heure. Sur le soir, on augmente le feu, et l'on fait bouillir la teinture pendant une heure ou environ; on éteint alors le feu, et quand la teinture est tiède, on en retire la toile qu'on tord fortement, et que l'on garde ainsi humide jusqu'au lendemain. Avant que de passer aux autres couleurs, il est bon de dire quelque chose sur le *chaïa*.

« Cette plante naît d'elle-même, et on ne laisse pas d'en semer aussi pour le besoin qu'on en a; elle ne croît hors de terre que d'environ un demi-pied; sa feuille est d'un vert clair, large de près de 2 lignes et longue de 5 à 6. La fleur est extrêmement petite et bleuâtre. La graine n'est guère plus grosse que celle du tabac. Cette petite plante pousse en terre une racine qui va quelquefois jusqu'à près de 4 pieds, et ce n'est pas la meilleure : on lui préfère celle qui n'a que 1 pied ou 1 pied 1/2 de longueur.

« Cette racine est fort menue; quoiqu'elle pousse si avant en terre et tout droit, elle ne jette à droite et à gauche que fort peu et de très-petits filaments. Elle est jaune quand elle

ferment; il n'y aurait donc guère lieu de s'en occuper si on ne pouvait se flatter qu'au moyen de quelques essais de culture, on pût parvenir à créer des variétés plus riches en matière colorante que celles qui sont cultivées aujourd'hui dans l'Inde.

Les racines de *chayaver* les plus estimées sont celles du nord de Poëllou, de Pata-Paléom, d'Oudry; les moins estimées, dites *chayaver de Trinquebar*, viennent du sud de Tiriou-Kadchiour, de Catou-Katou, de Cygannodey, d'Ananda, Mangalon et Anakoïde, près Trinquebar. Il en vient aussi de Tiroupoundy, de Tolossa-Patanon, de Katéry-Pounlou, de Chetty-Pounlou, près de Negapatam. — Le chayaver de Manar ou Manaar (côte de Ceylan) est aussi très-estimé. Les cultivateurs fraudent surtout la plus belle qualité; le meilleur chayaver, le sauvage, s'arrache par des femmes, et elles lient chaque poignée avec des *olles* qui pèsent quelquefois autant que la racine elle-même et qui est, par fraude, broyée avec le chayaver.

M. Gonfreville fait aussi connaître comme succédanés de la garance :

Le *Nona*, racine d'un arbre appelé *nona*, *noona* ou *nouna*, et, par les Portugais, *naucoul* (*Morinda citrifolia?*).

Le *Mungeet* (vulgo, *garance indienne*), rubiacée (*Rubia Munjista*), dont la tige, par une exception singulière, est plus riche que la racine en matière colorante.

L'*Ouong-koudou*, racine analogue par ses propriétés à la racine de garance.

L'*Hachrout*, ou *alchroot* du Bengale, ou encore *atch-root*, qui ne diffère guère du Nona.

Rappelons que la terminaison *ver* veut dire *racine* en indien. Ainsi *chaya-ver*, *Nona-ver*, etc., c'est-à-dire racines de *chaya*, de *nona*, etc.

(Nous ne saurions trop recommander aux teinturiers sérieux la lecture attentive des remarquables Mémoires de M. D. Gonfreville, décrivant, *de visu*, les procédés indiens. On trouvera quelques-uns de ces Mémoires reproduits tout au long dans le *Technologiste*, t. VI et VII, 1845-1846 et 1846-1847.)

est fraîche et devient brune en séchant. Ce n'est que quand elle est sèche qu'elle donne à l'eau la couleur rouge.

Les peintres reconnaissent que la racine de *chaïa* est de bonne espèce lorsque, réduisant la racine en poussière et y jettant un peu d'eau, elle devient jaune de safran.

« Cette plante se vend en paquets secs ; on en retranche le haut, où sont les feuilles desséchées et on n'emploie que les racines pour cette teinture.

« Comme la toile y a été plongée entièrement, et qu'elle a dû être imbibée de cette couleur, il faut la retirer sans craindre que les couleurs rouges soient endommagées par les opérations suivantes. Elles sont les mêmes que celles dont nous avons déjà parlé : c'est-à-dire qu'il faut laver la toile dans l'étang, la battre 10 ou 12 fois sur la pierre, la blanchir avec des crottes de mouton, et le troisième jour la savonner, la battre et la faire sécher en jetant légèrement de l'eau dessus de temps en temps. On la laisse humide pendant la nuit, on la lave encore le lendemain et on la fait sécher comme la veille. Enfin à midi on la lave dans de l'eau chaude pour en retirer le savon et toutes les ordures qui pourraient s'y être attachées et on la fait bien sécher.

Ici la lettre décrit l'application des couleurs verte et jaune et des pinceaux employés pour cette application.

§ V

Voici des extraits d'autres lettres provenant du même recueil cité plus haut.

Ces lettres sont tantôt d'un nommé Poure, sans doute aussi missionnaire, tantôt du Père Cœur-Doux (1).

« ..... Je désirerais (2) seulement que vous pussiez donner en Europe une notion plus distincte des diverses drogues qui entrent ici dans la peinture des indiennes ; ce serait rendre un service réel à nos curieux (3) d'Europe que de leur donner quelques explications sur le fruit que vous nommez *cadouçaïe* et sur la plante dont vous avez parlé sous le nom de *chaïa*. Ce sont là les deux ingrédients les plus essentiels dont le défaut de connaissance pourrait empêcher de réussir ceux qui voudraient tenter en Europe d'imiter les peintures de l'Inde.

« Le *cadouçaïe* est un vrai myrobolan dont, comme vous savez, nos droguistes distinguent jusqu'à cinq espèces. Le *myrobolan citrin*, le *myrobolan indien* ou *noir*, le *chébule*, l'*emblique*, et le *myrobolan Bellerique*. Nos Malebares ne se servent que des deux premières espèces qui ont beaucoup de sel essentiel et d'huile. Après les avoir broyés ils les mettent avec du lait de buffle. Cette espèce de lait n'est pas absolument nécessaire. J'ai éprouvé que celui de vache fait le même effet. Si c'est l'onctuosité du premier qui le rend préférable au second dans ce pays-ici, la même raison n'est pas pour l'Europe, où le lait de vache est beaucoup plus onctueux qu'on ne peut trouver dans l'Inde.

« Je ne crois pas que l'on doive attribuer l'adhérence des couleurs à cette première préparation que l'on fait ici aux toiles. Elle ne sert absolument qu'à les rendre susceptibles de toutes les couleurs que l'on veut ensuite y appliquer, lesquelles s'emboiraient ou se répandraient trop, à peu près comme fait notre encre sur ce papier qui n'est pas aluminé.

« Les Chinois ont, comme les Indiens, le secret de peindre les toiles, du moins avec la couleur rouge. Avant d'y travailler, ils y donnent les mêmes préparations qu'à leurs papiers ; c'est-à-dire qu'ils les imbibent d'une mixtion d'alun et de colle extrêmement claire. Leurs ouvrages n'en sont pas moins ineffaçables quoiqu'il n'y ait ni cadou ni lait de buffle (4).

« Ce cadou ne me paraît donc avoir aucune autre utilité de celle de noircir ce premier trait dont les Malebares se servent pour marquer d'abord leur dessin, après en avoir tiré le

---

(1) *Lettres édifiantes et curieuses*, t. I, p. 153.

(2) Cette lettre est sans doute du Père (?) Poure au Père Cœur-Doux.

(3) Ce nom de *curieux* était, au milieu du siècle dernier, l'équivalent de *savants*. — Il y avait à Augsbourg une Société de naturaliste fondée en 1670, sous le titre de *Société des curieux de la nature*.

(4) Ce passage est intéressant au point de vue de l'histoire du collage du papier.

poncis; en effet, j'ai remarqué que cette drogue n'est d'abord qu'une eau roussâtre chargée de parties vitrioliques qui ne devient noire que lorsqu'elle est appliquée sur la préparation du cadoucaïe; ainsi la noix de galle fera le même effet.

Quoique le *cadoucaïe* soit la première espèce de myrobolan (1) de nos droguistes, les Indiens ne le confondent pas comme eux sous le même nom avec des fruits produits par des arbres tout différents.....

« Les marchands indiens distinguent les *pindjou cadoucaïe* (2) qui sont des myrobolans verts et tendres et qu'on fait sécher.

« La raison de cette distinction et des différentes récoltes de *cadoucaïe* vient de la différence des eaux âpres, propres à la peinture dont on a parlé ailleurs, lesquelles ne sont pas absolument les mêmes ni si bonnes partout, et au défaut desquelles il faut suppléer par des cadoucaïes plus âpres, comme ceux ayant été recueillis avant leur maturité.

« Par exemple la qualité des eaux de Madras exige qu'on se serve de pindjous cadoucaïes, au lieu qu'à Pondichéry il faut se servir de ceux qui ont été cueillis en maturité.

« ..... Quoi qu'il en soit, il est assez étonnant que les Indiens aient découvert, dans la différence de maturité de ces fruits, le supplément au défaut de certaines eaux propres d'ailleurs à la teinture et à la peinture.

« Ces *cadoucaïes pindjous* sont d'autant meilleurs qu'ils sont plus petits. Il y en a qui ont à peine 6 lignes de longueur; ils sont les uns de couleur brune et les autres assez noirs; mais cette différence de couleur n'est qu'accidentelle et ne désigne point des espèces différentes. Comme ils ont été cueillis verts, il n'est pas étonnant que leur superficie se trouve toute couverte de rides, lorsqu'ils sont déssechés. »

« ..... Pour ce qui regarde le *chayaver*, il est visible que c'est à sa racine que les couleurs, au moins le rouge, doivent leur adhérence et leur ténacité. Avant de faire bouillir la toile peinte dans une décoction de cette racine, on ne peut impunément confier la nouvelle peinture au blanchissage; la couleur s'efface; elle ne devient suffisamment adhérente que lorsqu'elle a été suffisamment pénétré des sels « alcalis » de cette racine. »

Première façon de teindre en rouge (3). — « Pour teindre un coupon de toile de coton de 5 coudées de long, on prend d'abord la tige d'une plante nommée *nayourie* (4), avec les bran-

---

(1) D'après les auteurs modernes, les *myrabolans* (par corruption *myrobolans*) sont les fruits non mûrs de divers *Terminalia* des Indes orientales (famille des Combretacées); ils contiennent, en moyenne, 20 pour 100 de tannin.

Terminalia angustifolia, Indes, 41 pour 100 de tannin.

T. chebula, myrobolans, grands, bruns, ou *chébules*, *Harida nut*, *Kadukai-marum*, en tamoul; Indes et île de la Réunion, 15 pour 100 de tannin.

T. bellerica, myrobolans ronds; *Bedda nuts* du marché anglais; *tanikai*, en tamoul; *Bulugaha*, en cingalais; *Badamier* de Maurice et de la Réunion, croissant aux Indes orientales et occidentales, 9 pour 100 de tannin.

T. citrinum, myrobolans citrins.

Myrobolans indris, ou *myrobolan indien*, ou noir?

T. mauritiana, faux benzoin de la Réunion.

T. tomentosa, des Indes, fournissant l'extrait dit *asacum extract*.

T. pista, Indes.

Quant aux *myrobolans embliques*, ou *Nelli-fruit* du Ceylan, ce sont les fruits d'une Euphorbiacée, le *Phyllantus emblica*.

Il y a aussi, dans la famille des Conifères, le *Tanekahi bark* (*Phyllocladus trichomoïdes*), usité comme matière tannante dans la Nouvelle-Zélande.

(Extrait de la *Classification de 250 matières tannantes*, par M. Bernardin, le savant conservateur du Musée commercial-industriel de la maison de Melle-lez-Gand [Belgique], 1872.)

2 *Cadoucaie pindjous*, ou *pindjous-cadoucaie*, sont les myrobolans que Gonfreville désigne par *Kadoucaie-pingie*. — Les fleurs de myrobolans sont désignées par le nom de *Kadoucaie-poo*.

(3) Lettres édifiantes et curieuses.

(4) Cendres de *nayourivi* ou *natouriry* (*Achyranthes atropurpurea*), ou *cadelari hérissé*. — Les cendres du nayourivi donnent une solution alcaline, à laquelle on ajoute des *crottes de brebis* ou de *cabri* et de l'huile de gergelin; c'est, en un mot, une *huile tournante animalisée* qu'on prépare.

ches et les feuilles que l'on fait sécher, puis brûler, pour en avoir la cendre. On met cette cendre dans un vase de terre contenant environ 9 peintes d'eau âpre, dont on a parlé ci-devant, et on la laisse infuser pendant trois heures. Alors on passe cette eau dans un linge et on en prend une quantité suffisante pour en bien mouiller et imbiber les toiles. On délaye des crottes de brebis de la grosseur d'un œuf, auxquelles on joint la valeur d'un verre ordinaire de levain dont on trouvera ci-après la composition.

« Enfin on verse sur le tout une *serre* (1) d'huile de *gergelin* (2). Lorsque toutes ces drogues ont été bien délayées, si l'infusion de cendre est bonne, l'huile rendra l'eau blanchâtre et ne surnagera pas. Le contraire arriverait si les cendres étaient mêlées avec celles de quelque autre bois que le *nayouriri*. Cette préparation faite, on y trempe la toile, qu'on pétrit bien dans le fond du vase et on la laisse ensuite ramassée pendant douze heures, c'est-à-dire du matin au soir. Alors on verse dessus un peu d'eau de cendres simple, afin d'y entretenir l'humidité nécessaire pour pouvoir, en la pétrissant encore, la pénétrer dans toutes ses parties; après quoi on la laisse encore ramassée dans le fond du même vase jusqu'au lendemain matin.

« Ce second jour on agite la toile et on la pétrit comme la veille, de façon qu'elle se trouve humectée également. Ensuite l'ayant tordue et secouée plusieurs fois, on l'étend au soleil le plus ardent, jusqu'au soir qu'on la replonge, et qu'on l'agite dans la même préparation qu'on a eu soin de conserver, dans laquelle on l'a laissée passer la nuit. Mais comme cette préparation se trouve diminuée, on remplace ce qu'elle a perdu par de l'eau de cendre simple qui la rend à la fois plus liquide et plus propre à embrasser toutes les parties de la toile. L'opération dont on vient de parler doit se répéter pendant huit jours et huit nuits. Voyons en quoi consiste ce levain dont nous avons promis la composition.

« Ce levain n'est autre chose que de l'eau âpre dans laquelle on a fait infuser des cendres de *nayourivi*, à laquelle on a joint la *fiente de cabri* et l'*huile de gergelin* et qu'on a laissée fermenter pendant deux fois vingt-quatre heures. On conserve ce levain dans des vases de terre et on s'en sert chaque fois qu'on veut préparer les toiles, ainsi qu'on vient de le voir. La toile ayant donc été préparée pendant huit jours et huit nuits, on la lave dans l'eau où l'on a fait infuser des cendres ordinaires pour en tirer l'huile, jusqu'à ce qu'elle blanchisse un peu et de là dans de l'eau simple, mais toujours âpre, ensuite on la fait sécher au soleil; pendant les préparations dont on a parlé, on fait sécher et pulvériser de la feuille de *cacha* (3).

« On en prend une *serre* qu'on détrempe dans de l'eau âpre toute simple, et en quantité suffisante pour en bien imprégner la toile, que l'on agite cinq à six fois et qu'on laisse passer la nuit dans cette eau. Ceci ne se fait qu'une fois. Le lendemain matin on tord la toile, et l'on en exprime l'eau à un certain point; ensuite on la fait sécher au soleil jusqu'au soir. Cette préparation qui lui donne un œil jaunâtre étant achevée, on passe à la suivante.

« Après avoir fait sécher et pulvériser la peau ou l'écorce des racines d'un arbre nommé *nouna* (4) par les Indiens et *naucoul* par les Portugais de ce pays-ci, on prend une serre de

_____

(1) *Serre*, mesure cylindrique de 3 pouces de diamètre et d'autant de profondeur. — C'est aussi un poids indien qui équivaut à 9 de nos onces. — Une *serre* d'huile de gergelin pèse 368 grammes.

(2) *Huile de gergelin*, comme on l'appelle aux Indes du terme portugais, n'est autre chose que l'huile de sésame. (*Sesamum indicum*, sésame rouge, *kourellou* ou *kourelloo* des Indes ; *S. orientale*, sésame blanc, *pirillou*, et sésame noir, *vellilou* ; famille des Bignonacées.) — A défaut de cette huile, les Indiens se servent de saindoux liquéfié, matière grasse souvent encore employée dans les fabriques russes de rouge turc.

(3) *Le cacha*, et d'après D. Gonfreville *cassa* (*Memecylon tinctorium*?) est un grand arbre commun aux Indes, et dont la feuille est d'une consistance assez semblable à celle du laurier, mais plus moelleuse, plus courte et plus arrondie par le haut. Sa fleur est bleue.

(4) *Le nouna*, ou *nona*, ou *noona*, est un grand arbre dont les feuilles sont longues d'environ 3 pouces 1/2 et larges de 15 lignes. Son fruit est à peu près de la grosseur d'une petite noix recouverte d'une peau verte, contenant dans des cellules cinq à six pépins ou noyaux. Les Malabares mangent de ce fruit en *acharti*, c'est-à-dire préparé de la même manière que les cornichons. Rappelons que c'est de la racine de *noona* que les Indiens se servent en teinture, conjointement avec la racine de chaya-ver, ou en remplacement de cette dernière.

cette poudre, et l'on y agite pareillement la toile, et on l'y laisse aussi passer la nuit pour l'en retirer le lendemain, la tordre et la faire sécher, jusqu'au soir qu'on la replonge dans la même eau. Elle y passe une seconde nuit et on la retire le troisième jour pour la faire sécher. Cette dernière préparation lui communique une couleur rougeâtre, à laquelle le *chayver* donne la force et l'adhérence.

« Pendant qu'on prépare la toile comme on vient de le dire, on doit aussi préparer les racines de chayaver, ce qui consiste à les émonder, à rejeter les extrémités du côté du gros bout, de la longueur de 1 pouce, à hacher le reste de la longueur de 5 à 6 lignes, pour le piler plus facilement dans un mortier de pierre, en quantité à peu près d'une serre; enfin, à l'humecter avec de l'eau simple, tant pour former une espèce de pâte de cette racine que pour empêcher que la poussière ne s'élève et se perde.

« Ce chayaver ainsi préparé, on le délaye dans environ 9 pintes d'eau simple. On y plonge et agite la toile qu'on y laisse passer la nuit. Le lendemain matin on la tord fortement et on la fait sécher au soleil pendant huit jours consécutifs. Chacun de ces huit jours charge de plus en plus cette toile de couleur, qui parvient enfin à un rouge foncé.

« Les huit jours expirés, on prend deux serres de la même poudre de chayaver, qu'on met dans un autre vase de terre avec environ 10 pintes d'eau, qu'on fait chauffer sur un feu modéré, jusqu'à ce que l'eau s'élève un peu, et, quand l'eau bout bien fort, on retire le bois qui restait sous le vase, qu'on laisse sur la braise pendant dix-heures sans le toucher ou alimenter le feu par de nouveau bois.

« Pendant toute cette opération, on a grand soin d'agiter la toile avec un bâton, afin que la teinture en pénètre mieux toutes les parties. Les dix-huit heures passées, on retire cette toile, on la lave dans de l'eau simple et fraîche, et ensuite on la suspend pour la faire sécher, et, de cette façon, la toile est rouge foncé, de la première sorte.

« Une remarque à faire est que quand on a commencé une teinture avec une sorte d'eau, il ne faut plus les changer, mais s'en servir dans toutes les opérations, jusqu'à la fin. Les plus fraîches racines du chaya ou chayaver sont les meilleures, fussent-elles tirées de la terre le jour même, pourvu qu'elles aient le temps de sécher, ce qui se peut faire bien promptement, vu la finesse de cette racine. Cependant, au bout d'un an, elles sont encore bonnes, et même leurs qualités existent encore après trois ans, mais elles diminuent toujours de bonté. »

Seconde façon de teindre la toile en rouge (1). — « Pour teindre un coupon de toile de 5 coudées de longueur, on commence par la faire blanchir, après quoi on prend 2 cadoux pour chaque coudée de toile, on en tire les noyaux et on broie les fruits sur une pierre avec un cylindre, ayant attention de l'humecter avec de l'eau âpre, de façon que le tout forme une espèce de pâte plus sèche que liquide, que l'on délaye dans de l'eau, en quantité suffisante, pour bien humecter la toile qu'on a à teindre. Cette toile ainsi humectée, on la tord légèrement pour qu'elle ne soit pas trop desséchée; puis, après l'avoir secouée, on l'étend à l'ombre, où on la laisse sécher. Cette préparation lui a donné un œil jaunâtre, la dispose à recevoir la couleur du chayaver et l'y attache plus intimement.

« La toile étant ainsi apprêtée, on prend un vase de terre, dans lequel on fait un peu chauffer environ une pinte d'eau. On y verse un *palam* d'alun pulvérisé, qui fond sur-le-champ, et aussitôt on retire de dessus le feu le vase dans lequel on verse 2 ou 3 pintes d'eau fraîche; ensuite on étend la toile sur l'herbe, au soleil, et on prend un chiffon de linge net, que l'on trempe dans cette eau, et que l'on passe sur le côté apparent de cette toile d'un bout à l'autre, en retrempant, d'instant en instant, le chiffon dans l'eau. On en fait ensuite autant à l'autre côté de la toile, et on la laisse sécher; puis on la porte à l'étang, dans lequel on l'agite trois à quatre fois, pour enlever une partie de l'alun et étendre plus également le reste. De là on va l'étendre encore sur l'herbe, où on lui donne une seconde couche d'alun, de la même façon qu'on vient de le dire, et on la laisse sécher.

On observe seulement cette dernière fois qu'il ne faut pas que la toile soit absolument sé-

(1) *Lettres édifiantes et curieuses.*

che pour lui donner la seconde eau d'alun, sans doute afin que celle-ci s'étende plus facilement et plus également.

Cette double opération étant finie et la toile bien sèche, on la reporte à l'étang, où on la plonge une vingtaine de fois, en la frappant chaque fois d'une dizaine de coups, sur des pierres de taille placées exprès sur le bord de cet étang ; ce qui se fait en fronçant la toile et en la ramassant dans la main par un côté de ses lés, et en reprenant ensuite le côté de l'autre lé. On frappe la toile en empoignant la toile par les plis qu'on a fait passant l'extrémité à celle qu'on bat, jusqu'à ce que cette toile ait été frappé deux cents fois. Cette toile ainsi lavée, on l'étend au soleil, et on la laisse sécher.

« Alors on prend la quantité de 5 livres 1/2 de racine de chayaver qu'on prépare ainsi qu'il est marqué ci-devant, et qu'on verse dans un grand vase de terre, contenant environ 15 pintes d'eau plus que tiède, mais qui ne bouillonne pas encore ; ayant bien remué cette eau pendant une demi-heure, on y plonge la toile, après quoi l'on augmente le feu, de façon à faire fortement bouillir pendant cinq heures le tout, qu'on laisse encore trois heures sur le feu, tel qu'il est, sans y mettre d'autre bois pour l'entretenir.

« On observera, pendant cette préparation, de soulever et de remuer la toile avec un bâton au moins de demi-heure en demi-heure, afin qu'elle puisse être plus facilement et plus également pénétrée de la teinture.

« Les huit heures expirées, on retire la toile du chayaver, pour la secouer, la tordre, et la laisser ramassée sur elle-même pendant une nuit. Le lendemain matin, l'ayant lavée à l'étang pour en détacher les brins de chayaver, et les autres ordures, on la fait sécher au soleil en l'étendant bien ; moyennant quoi cette toile se trouve teinte en rouge..... »

« Une troisième façon de teindre la toile en rouge, cette fois avec le *bois de sapan* ou de *Brésil*, n'indique nullement l'huile ou les corps gras pour la préparation de la toile.

« Le teinturier, dit le Père Cœur-Doux, m'a assuré qu'il valait mieux se contenter de secouer la toile que de la tordre, comme le dit le mémoire en parlant de la première opération, suivant laquelle on l'a laissée dans le fond du vase pendant la nuit. Il m'avertit encore qu'il pouvait arriver que la toile que l'on prépare n'eût pu bien sécher soit à cause de la pluie, dont il faut préserver les toiles qu'on prépare ou pour quelque autre raison ; et qu'en ce cas, au lieu de la remettre dans l'eau, ainsi qu'il est dit, il faudrait attendre au lendemain pour la faire sécher plus parfaitement, après quoi on la remettrait dans de l'eau pour y passer a nuit.

On doit conclure de la dernière remarque qu'il peut arriver des circonstances et des saisons où l'opération de faire sécher et retremper la toile doit se répéter non-seulement huit jours et huit nuits, mais encore davantage. La seule difficulté est de connaître combien de fois il faut la réitérer, et l'usage et le coup d'œil de l'ouvrier par lequel il connaît si la toile a a acquis le degré de préparation convenable ; il peut se servir du moyen suivant. Il faut user sur une pierre humectée un peu de *safran bâtard*, ou *terra merida* (1), dont on fait grand usage aux Indes pour les ragoûts. On prend un peu de l'espèce de pâte qui en résulte et on la met sur un coin de la toile, laquelle prend une couleur rouge, si elle est suffisamment préparée ; dans le cas où elle ne le serait pas, elle ne le teint point en cette couleur ; mais c'est surtout au coup d'œil de l'ouvrier à juger si cette préparation, qui est une espèce de blanchissage, est suffisante. Plus la toile est devenue blanche, mieux elle est préparée. Cette préparation est, en effet, une espèce de blanchissage, parce qu'effectivement le coupon de toile crue que l'on prépare devient blanc par ces opérations. Il ne faut pas oublier qu'elles devaient se faire également, pour teindre en rouge, sur une toile déjà blanche.

---

(1) Ne serait-ce pas plutôt *terra merita*, un des anciens noms de la racine de curcuma. Cette dénomination de *safran bâtard*, employée par le Père Cœur-Doux, doit correspondre en effet au *curcuma*, encore désigné sous les noms de *souchet*, ou *safran des Indes*, *terra merita*, *Kiang-Heang*, du chinois (famille des Scitaminées, et, d'après Linnée, genre des Zinzibéracées), qui pousse à l'état sauvage aux Indes orientales, en Chine, à Madagascar, aux îles Barbades, et qu'on cultive avec succès à Tabago, à Java, à Batavia, etc. Elle est employée en effet dans l'Inde comme assaisonnement. Elle est tonique, diurétique, stimulant et antiscorbutique.

§ VI

Observations de M. Bourdier, médecin, qui a résidé à Pondichéry, depuis 1754 jusqu'en 1765, sur les procédés rapportés par les missionnaires jésuites (1).

« Le Père Cœur-Doux a oublié :

« La première façon que les Indiens donnent à la toile neuve qui a déjà souffert un premier blanchissage chez le tisserand, c'est de la mettre à nud sur leurs corps, de façon que tout ce qui compose leur maison est habillé de la toile que l'on doit travailler : huit ou dix jours après elle est lavée et trempée dans une mixtion de cadoucaye, qui est le myrobolan bien pilé, et du lait de buffle caillé ; il est préférable à celui de la vache, parce qu'il est commun et à meilleur marché.

« On ne bat les toiles qu'autant qu'elles sont dures et difficiles à s'imbiber. Les toiles qui ont été portées longtemps et qui sont comme usées n'ont pas besoin de cette opération ; je pense que le myrobolan ne sert qu'à mieux faire pénétrer la teinture dans la toile. Il est vrai qu'il porte avec lui une gomme assez âpre, qui peut aussi servir de mordant.

« La bonté des teintures vient d'une eau qui m'a paru être un peu chargée du *natrum* (2), qui est répandu dans toutes les terres de ce pays-là. Bien des Indiens m'ont assuré qu'on se servait pour toutes les teintures, particulièrement pour le rouge, de l'eau de pluie, qui se conserve dans de grandes mares ou étangs.

« Le Père Cœur-Doux a assez bien décrit les ingrédiens et les manipulations des différentes teintures, excepté de la rouge, dont il paraît n'avoir pas été à portée de prendre une parfaite connaissance. Les ouvriers de Pondichéry ne réussissaient pas dans cette couleur.

« A Masulipatan, à Paliacat, où le rouge est admirable, on prépare les toiles comme pour toutes les autres couleurs avec le myrobolan et le lait caillé de buffle, suivant la méthode indiquée dans les *Lettres édifiantes ;* ensuite on les trempe dans une mixtion de *bois de sapan* et d'alun. Un jour après, elles sont retirées, passées à l'eau et séchées. Si le rouge n'est pas beau, elles sont remises une seconde fois dans la mixtion pour les relaver et les ressécher ; de là, on les mouille pour les mettre dans une décoction de *chaiaver,* où elles restent jusqu'à ce que la décoction soit bien refroidie ; on répète cette opération en lavant et séchant chaque fois, jusqu'à ce que la couleur soit d'un beau rouge que l'ouvrier désire. Pour que cette couleur résiste aux différents blanchissages, on trempe les toiles dans de la *graisse de porc fondue* ou de l'huile de *gengely,* qui est notre sésame. On les retire de cette graisse pour les tordre et les faire sécher, et ensuite les faire bien laver ; on répète cette opération jusqu'à trois fois. J'ai un *quingou* (3) que j'ai fait passer jusqu'à quatre fois.

« La *graisse de porc* est préférable à l'*huile de gengely ;* les beaux mouchoirs qui nous viennent de Paliacat et de Masulipatam, ont tous passé par la graisse ; c'est cette façon qui renchérit ces sortes de mouchoirs, aussi les maîtres teinturiers en font parmi eux un très-grand secret.

« Les Indiens ne trempent leur toile dans de l'eau de bouse de vache et de crotte de cabris que pour la bien blanchir.

« La facilité que les Indiens ont de faire sécher leur toile en bien peu de temps, par les grandes chaleurs qu'il fait dans ce pays-là, ne contribue pas peu à fixer les différentes couleurs dont ils se servent.

§ VII

Nous trouvons dans le *Traité des toiles peintes,* par M. Q***, Amsterdam et Paris, 1760, une

---

(1) *Histoires édifiantes et curieuses,* p. 193.

(2) Ne serait-ce pas plutôt *nitrum,* mot employé par les Grecs et les Romains pour désigner tantôt le carbonate de potasse, tantôt le carbonate de soude, tantôt, mais plus rarement, le nitre (salpêtre)?

Le *natron,* synonyme dans beaucoup de cas de *nitrum,* désignait, chez les anciens, notre sesqui-carbonate de soude naturel.

(3) Probablement la valeur d'une pièce de toile.

lettre de M. Beaulieu à M. Dufay (1), dans laquelle il est traité de tout ce qui concerne la fabrique des toiles peintes dans l'Inde. M. Beaulieu, dit M. Q*** (2), s'est acquitté avec beaucoup d'intelligence et d'exactitude de la mission dont l'avait chargé M. Dufay : il a fait peindre devant lui une pièce de toile, et non seulement il a décrit tout le travail avec la plus scrupuleuse exactitude, mais, après chaque opération, il a coupé un morceau de toile qu'il a apporté avec des échantillons de toutes les matières qui entrent dans les diverses opérations.

Lettre de M. Beaulieu à M. Dufay, 1760.

« L'ouvrier dont s'est servi M. Beaulieu, à Pondichéry, a pris 6 aunes de toiles de coton cru, qu'il a fait blanchir sur le pré, sans y mettre de chaux ni d'eau de riz, comme cela se pratique pour les toiles qui ne sont pas destinées à être peintes. Lorsqu'elle a été blanchie, il a pilé dans un mortier 30 grains de Cadouca, qui sont nos myrobolans citrins; la dose est de 5 par aune de toile; il les a délayés et bien mêlés dans 4 pintes d'eau; il a passé dans un linge cette eau, dans laquelle il a trempé et bien frotté la toile, et l'y a laissé infuser pendant la nuit.

« Le lendemain matin, il a mis le vase qui contenait la toile et la liqueur sur le feu, et l'y a laissé bouillir pendant une bonne demi-heure, puis il l'a retirée et laissée refroidir, après quoi il l'a frottée et battue sur un billot de bois; enfin, il l'a lavée dans l'eau froide et claire, et la fait sécher.

« Il a pilé de nouveau 30 mirobolans qu'il a arrosés d'un peu d'eau en les pilant, et, les ayant réduits en consistance de pâte, il les a délayés avec 2 serres de lait de bufle. On se souviendra que *la serre est une mesure qui contient 9 onces d'huile de gengely, qui est, sans erreur sensible, de même pesanteur que l'huile de lin.*

« L'ouvrier passa ensuite cette composition par un linge et délaya les parties du mirobolan qui étaient restées sur le linge, avec 3 serres d'eau, qu'il mêla avec 2 serres de lait (nous nous sommes servis, en faisant cette opération-ci, de lait de vache, qui a fait le même effet que celui de bufle).

« Après avoir fait sécher la toile, comme nous l'avons dit, il l'a lavée dans ce mélange et, l'ayant frottée, exprimée et relavée trois fois, il l'a battue et fait sécher; elle est devenue, étant sèche, d'une couleur de citron un peu sale; l'ouvrier l'a battue alors sur un billot de bois très-dur et poli, avec des pilons d'environ 15 pouces de long, et dont le gros bout en a 6 ou 7 de diamètre, il a ensuite étendu la toile sur une table, et l'a poncée avec du charbon pilé.

« Il a entouré d'écorce, ou de paille de riz bien sèche, une livre de pierres appelées *pierres brûlées* (elles sont vitrioliques), il a jeté dessus quelques charbons ardents; le feu a pris à l'écorce de riz et a duré pendant près de deux heures. Après qu'il a été éteint et que les pierres ont été refroidies, il les a mises dans 2 serres de *chouris* (c'est la liqueur qui sort par incision des cocotiers), et les y a laissées pendant trois jours, les exposant au soleil pendant le jour et les couvrant pendant la nuit. Nous avons mis ces mêmes pierres dans de l'eau, et elles ont fait un effet tout pareil : la liqueur de ferraille fait aussi la même chose (3).

---

(1) *Dufay.* — Ce chimiste, avec Hellot et Macquer, furent successivement chargés, *par le gouvernement,* de s'occuper de perfectionner l'art de la teinture. Dufay étudia principalement les matières colorantes et les mordants, dont il comprit, le premier, le véritable rôle. C'est, sans aucun doute, de lui qu'il est question (en 1760) dans le *Traité des toiles peintes* de M. Q***.

(2) Il ne nous a pas été possible de trouver le nom véritable de l'auteur, qui ne s'est fait connaître que par cette initiale Q***.

(3) Ces pierres brûlées, vitrioliques, doivent être des schistes alumino-ferrugineux. — Le liquide sortant par incision des cocotiers doit fermenter et devenir acide par l'acide acétique (ou autre acide végétal) qui se forme. Les pierres brûlées, vitrioliques, doivent donc, avec ce liquide, fournir de l'acéto-sulfate d'alumine ferrugineux, en un mot, un mordant.

La liqueur appelée *chouris* est probablement la même chose que le *callou,* ou liqueur aigrie du fruit du cocotier.

« L'ouvrier a tracé avec cette liqueur tous les traits qu'il avait poncés sur la toile, dans les endroits qui devaient être bleus, verts ou violets.

« Il a fait bouillir 4 onces de *bois de Japon* (¹) (qui est le même à peu près que notre bois de Brésil ou Fernambouc), dans une serre d'eau, jusqu'à réduction de moitié; et, en retirant cette liqueur de dessus le feu, il y a jeté une once d'alun en poudre.

« C'est avec cette liqueur qu'il a tracé les contours de tout ce qui devait être rouge ou jaune dans la toile. Il s'est aussi servi de ces deux liqueurs pour ombrer par des hachures tout ce qui devoit l'être, tant en rouge qu'en noir; car il faut observer que l'infusion des pierres vitrioliques devient noire sur la toile préparée avec le mirobolan. Il se servoit, pour former ses traits, d'une espèce de plume faite de deux petites lames de roseau appliquées l'une contre l'autre, et attachée à un petit manche de la grosseur d'une plume ordinaire.

« Après cette préparation, la toile est jaunâtre; les contours et les ombres des tiges, des feuilles, ou de quelques fleurs, sont noirs, et ceux des autres fleurs sont d'un rouge assez pâle et assez désagréable; mais on verra bientôt que ce rouge ne demeure pas, et qu'il ne sert que de préparation à l'autre.

« L'ouvrier a lavé ensuite la toile dans l'eau, et la fait sécher à moitié; il a pilé une livre et demie de *rais de chaye*, et, l'ayant bien pulvérisée, il l'a mise dans 6 pintes d'eau; il a plongé dans ce mélange la toile qui était encore humide, et la fait bouillir pendant deux heures, ayant attention de remuer souvent la toile; il a retiré le vase de dessus le feu, et a laissé la toile dans ce bain jusqu'à ce qu'il fût refroidi; après quoi il l'a retirée, l'a lavée dans l'eau fraîche, et l'a fait sécher.

« Le fond est un peu plus gris et plus obscur que dans la première opération; les traits noirs le sont beaucoup davantage, et ceux qui, après la première opération, étaient d'un rouge pâle, sont d'un rouge très-foncé et assez vif.

« Pour faire perdre au fond de la toile la couleur sale qu'elle avait contractée par l'opération que nous venons de voir, il a délayé 3 livres de fiente de cabri dans 8 pintes d'eau; une heure après il a mis la toile dans ce mélange, et l'y a laissée toute la nuit; le lendemain matin il l'a bien exprimée et l'a étendue sur le bord d'un étang; il jettait de temps en temps de l'eau dessus pour l'entretenir humide; le soir il l'a mit tremper dans ce même mélange de fiente de cabri et d'eau, dans lequel il l'avait mise la veille, et l'y laissa pendant la nuit; le lendemain il la remit sur le bord de l'étang, et continua les mêmes opérations le jour suivant, si ce n'est que le soir de ce dernier jour il la lava bien dans l'étang et la fit sécher entièrement.

« Le fond est devenu presque blanc, n'ayant qu'un petit œil jaunâtre en quelques endroits, le rouge est un peu plus vif.

« La toile étant séchée, il l'a lavée dans une eau de riz très-claire, l'a fait sécher, et l'a battue sur le même billot poli dont nous avons parlé, et l'a étendue sur une toile.

« Il a tracé, avec de la cire fondue, les petits traits ou ombres qui servent à panacher les fleurs destinées à être bleues ou vertes. Cette cire empêche la couleur bleue de prendre dans ces endroits, qui par conséquent, demeurent blancs, et font les réserves blanches qu'on voit dans les toiles des Indes, et qui sont quelquefois d'une délicatesse extrême.

« L'ouvrier se servoit, pour former ces traits, d'une espèce de plume composée de deux fils de fer ajustés à un petit manche de bois avec des bandes de toile de coton qui forment en cet endroit un petit tampon en forme d'olive, de près de 1 pouce de diamètre, de l'extrémité inférieure duquel sortent les deux petits bouts de fil de fer.

« L'ouvrier s'est ensuite servi de la même plume de fer pour entourer de cire fondue toutes les fleurs, feuilles et tiges qui doivent être bleues ou vertes; après quoi il a enduit de la même cire tout le fond de la toile en entier, n'épargnant précisément que les parties dont nous venons de parler, et qu'il avoit entourées d'abord, afin d'avoir moins besoin de ménagement et d'attention en cirant le reste de la toile : il se servoit pour cette opération du tampon de coton, dont nous venons de parler, et, pour cet effet, il ne faisait qu'incliner la

(1, **M. Beaulieu** veut probablement dire *bois de Sapan*.

plume, afin que le tampon portât sur la toile; au lieu qu'en faisant les contours, il la tenoit droite, et, par ce moyen, ne se servoit que du petit bec de fer.

« La toile étant cirée dans tous les endroits où elle le doit être, il l'a pliée en plis de 4 à 5 pouces, et l'a trempée plusieurs fois de suite dans une jarre pleine de teinture bleue; il l'a ensuite étendue, et a mis de la même liqueur sur les endroits où elle lui paraissoit n'avoir pas assez pris; après quoi il l'a étendue à l'ombre et l'a fait sécher. Il a enlevé toute la cire, en la plongeant plusieurs fois dans l'eau bouillante et changeant l'eau de temps en temps. La cire étant détachée, il a donné à la toile trois lessives avec l'eau et la fiente de cabri, l'exposant chaque jour au soleil, et l'arrosant comme il a déjà été dit. Il l'a fait sécher.

« Pour la septième opération, l'ouvrier fit tremper pendant une demi-heure la toile dans 2 pintes d'eau mêlées avec 1 serre de lait de buffle, la fit sécher, la battit sur le billot poli et l'étendit sur une table. Il s'agissait alors de panacher d'un rouge moins foncé des fleurs qui devaient être jaunes, et de blanc celles qui devaient être violettes; il panachait les premières par de petits traits ou hachures faites avec la composition d'alun et de bois de Japon, et les secondes avec de la cire fondue.

« *Huitième opération.* — Il mit ensuite dans 8 serres d'eau, 1 once et 1 gros d'alun et même quantité de *terra merita* (1); il laissa infuser le tout pendant une nuit, et enduisit avec cette liqueur tout ce qui devait être orangé; il mêla 1 serre de la liqueur faite avec les pierres vitrioliques, dans 10 serres de *canque aigre* (c'est de l'eau de riz qu'on avait laissée pendant dix jours à l'air; elle se peut facilement remplacer ici par nos eaux sûres). Il laissa reposer ce mélange pendant une nuit et s'en servit pour enduire les endroits qui devaient être pourpres ou violets.

« *Neuvième opération.* — Il pulvérisa 4 livres de *rais de chaye*, les mit dans 8 pintes d'eau et, y ayant plongé la toile, il la fit bouillir à très-petit feu pendant quatre heures, ayant attention de remuer très-souvent la toile, il l'a laissa dans le vase jusqu'à ce que la liqueur fût refroidie; alors il la retira, l'exprima et la fit sécher.

« Dans cet état, le rouge est beaucoup plus beau qu'il n'était et qu'il ne doit rester, et ce qui doit être violet est couleur café.

« *Dixième opération.* — La dixième opération consiste à laver la toile dans de l'eau avec la fiente de cabri, et à l'exposer au bord d'un étang pendant trois jours consécutifs, comme il l'avait déjà fait deux fois pendant le cours du travail; c'est pour enlever le fond roussâtre que lui avait donné le *rais de chaye*; il l'a lavée et frottée ensuite plusieurs fois dans une eau de savon tiède, puis dans de l'eau fraîche et l'a fait sécher.

« *Onzième opération.* — L'ouvrier lava la toile dans 2 pintes d'eau mêlées avec un peu de lait de buffle et la fit sécher. Il pulvérisa 8 onces de *fleurs de cadouca* (2) et 1 once de *mirobolans*, qu'il mit tremper pendant seize heures dans 8 serres d'eau.

Au bout de ce temps, il jetta dans cette composition 2 onces de rais de chaye pulvérisé, et la fit chauffer jusqu'à ce qu'elle fût prête à bouillir, et se servit de cette liqueur pour enduire tout ce qui devoit être vert ou jaune sur la toile.

« *Douzième opération.* — Après que la toile fut sèche, il mit dans 12 pintes d'eau 2 livres de *chaouroux* (3) (sable terreux et salé qui se trouve sur le bord de la mer), et 1 livre de *savon* en petits morceaux; ayant brouillé cette eau avec un bâton pendant une demi-heure, il la laissa reposer pendant deux heures, après quoi il versa dans un autre vase ce qu'il y avait de clair dans cette liqueur; il y lava la toile et l'étendit sur le bord d'un étang, de l'eau duquel il

---

(1) Racine de curcuma. Voir la note précédente.

(2) **Fleurs de cadouca,** fleurs de myrobolans. C'est le *Kadoncate-poo* indiqué par D. Gonfreville. Il y en a de deux qualités : la première vaut, aux Indes, 53 centimes le kilogramme, et le deuxième 43 centimes.

(3) *Chaouroux?* Probablement une espèce d'*olla munnco*, ou terre saline.

l'arrosait de temps en temps. Le soir il l'a battit sur une pierre, et le lendemain matin il la fit sécher; l'opération est alors entièrement finie et il ne reste plus qu'à donner le lustre à la toile.

« *Treizième observation.* — Pour cet effet, on trempe la toile dans de l'eau de riz plus ou moins épaisse, et suivant que l'on veut l'apprêt plus ou moins fort ; et lorsqu'elle est sèche, on lui donne le brillant en la frottant fortement partout sur un billot de bois poli, avec une coquille bien lisse et bien unie : on la plie bien proprement et on la met en presse.

« Il n'y a personne qui, en lisant cette opération, ne soit surpris de sa longueur extrême et de sa difficulté, et l'on a peine à concevoir qu'un ouvrage qui demande un travail si prodigieux soit donné à si bon prix. »

§ VIII

Dans le même traité de M. Q***, nous trouvons écrit à la main la copie d'un Mémoire envoyé en 17.. (1) à M. de Jussieu par M. Couzier, avec une caisse contenant les treize drogues dont il est parlé dans la lettre précédente de M. Baulieu.

Drogues pour teindre en rouge et la manière de s'en servir.

« Feuilles de Cacha, qui est un arbre;
« Racines de Chayver, ou l'*écorce de l'arbre* appelé *Monamaram* (2).
« Cendres de Narviby *(Achiranthes aspera,* L.) (3);
« Huile de Gengeli *(Sesamum orientale),* ou d'*Ilipé* (4), ou la graisse de cochon.
« On fait tremper, par exemple, le fil de coton, si c'est ce qu'on veut teindre, dans l'eau pendant deux ou trois jours, après lesquels on lave bien le coton et on le laisse sécher. On le fait ensuite tremper dans une des huiles, ou dans la graisse ci dessus, pendant trois jours, après quoi il faut le laver avec de l'eau. On met ce coton ainsi lavé dans quelque vase avec des cendres de Narviby, avec lesquelles il faut le laisser un jour. Ce coton est mis ensuite, sans le laver et sans en ôter les cendres, dans une décoction faite avec les racines de chayver, ou l'écorce de l'arbre appelé *Monamaram* (mais les racines de Chayver ont plus d'effet), et les feuilles de *cacha*; dans laquelle décoction ou teinture il faut que le coton reste un jour, un homme le remuant de temps en temps. Cette teinture sera chaude quand on y mettra le coton, et il faut qu'elle conserve sa chaleur tout le temps que le coton y restera. Pour faire ladite teinture, il faut écraser les feuilles de Cacha et les racines de Chayver, ou ladite écorce, si on s'en sert.

« A l'égard du Chayver, il y en a de trois espèces : les racines de la première sont les meilleures, et celles de la seconde meilleures que celles de la troisième.

« La racine de Chayver m'a paru d'abord ressembler à une plante précieuse que j'ai vue aux Canaries, et que je vous envoie. Les Espagnols l'appellent *orchilla,* et en français je crois que c'est *orchele (Lichen rocella).* Elle croît dans les endroits les plus escarpés des montagnes de l'île de l'Agoumer, qui est une des Canaries, et dont cette plante fait le principal revenu. Elle

---

(1) L'année n'est pas complétée.

(2) *Monamaram.* Il s'agit peut-être ici de l'écorce du *sembouram* (en tamoul), provenant des racines d'une sorte de liane très-commune sur la côte de Malabar, où elle est appelée *souroul.* Cette écorce remplace le chaya-ver, dans les Indes, pour l'obtention du *rouge brun.*

(3) *Achyranthes,* de deux mots grecs : paille et floraison. Genre de la famille des Amaranthacées, L. Ce genre ne renferme qu'environ douze espèces, dont la plupart croissent dans la zone équatoriale (Hœfer). Ici ces cendres de narviby correspondent sans aucun doute à celles des *nayourivi (Achyranthes atropurpurea),* dont il a été question dans une note précédente.

(4) *Huile* ou *beurre d'Illipé,* des Indes, extrait du *Bassia longifolia* (Sapotacées) : *Illipi ennai,* en tamoul, employé aussi pour la fabrication du savon, pour l'éclairage, et aux Indes pour l'alimentation des classes pauvres (Bernardin). — Voir notre *Traité des corps gras industriels,* 2e édition. Paris 1864.

vient haute tout au plus de 3 à 4 pouces. On s'en sert pour toutes sortes de teintures et, pour cela, on la fait pourrir dans de l'urine. Il y a apparence qu'on ne se sert de cette drogue que pour donner lieu aux teintures de pénétrer davantage les étoffes et s'y attacher plus fortement. Les Anglais se servent beaucoup de cette plante (1). »

§ IX

Voici maintenant la description des *procédés pratiqués sur la côte de Coromandel* (2) *pour donner aux étoffes une belle couleur rouge.*

Ces instructions sont adressées par M. Machlachlan, à la Société pour l'encouragement des arts, de Londres; elles lui ont été communiquées par un de ses amis de Madras.

Instruction pour teindre en rouge clair 4 aunes d'étoffes de coton ayant ³/₄ *de ligne.*

« 1° L'étoffe ayant été bien lavée et séchée, afin d'en séparer la chaux et la substance mucilagineuse qui sert dans l'Inde à blanchir et à apprêter les étoffes, on la met dans un vase de terre contenant 12 onces de chaye (le *chaye* ou *racine de teinture rouge*) et un gallon (4 pintes environ) d'eau, et on fait bouillir le tout pendant quelque temps.

« 2° Après qu'elle a été retirée, lavée à l'eau claire et séchée au soleil, on la met de nouveau dans un pot de terre contenant 1 once de myrobolans ou de noix de galle concassés et 1 gallon d'eau, et l'on fait bouillir jusqu'à ce que le tout soit réduit à moitié; quand la lessive est refroidie, on y ajoute un peu de *lait de vache* et, après que l'étoffe est suffisamment imbibée, on la retire pour la faire sécher au soleil.

« 3° Il faut encore rincer l'étoffe à l'eau froide, la sécher au soleil, la plonger ensuite dans 1 gallon d'eau à laquelle on ajoute un peu de lait de vache et ¼ d'once de noix de galle pulvérisées, et après qu'elle y a trempé quelque temps, on la fait sécher de nouveau. — Cette étoffe étant rude au toucher à la fin de l'opération, est roulée et battue jusqu'à ce qu'elle devienne souple.

« 4° On fait infuser 6 onces de *bois d'Inde* moulu dans 6 pintes d'eau froide, et on laisse reposer le mélange pendant deux jours; le troisième jour, on le fait bouillir jusqu'à ce qu'il soit réduit aux deux tiers et qu'il ait contracté une couleur rouge clair; et, avant qu'il soit refroidi, on ajoute à chaque pinte ¼ d'once d'alun pulvérisé; l'étoffe y est plongée à deux reprises et, dans l'intervalle, séchée à l'ombre.

« 5° Trois jours après, on la lave à l'eau claire et on la laisse sécher à moitié au soleil; alors on la plonge, à la température d'environ 120° Farenheit, dans 5 gallons d'eau à laquelle on ajoute 50 onces de *chaye pulvérisé*, et qu'on fait bouillir pendant trois heures; on retire le vase du feu, mais on y laisse l'étoffe jusqu'à ce que la liqueur soit entièrement refroidie; ensuite on la tord faiblement, et on l'étend au soleil pour la faire sécher.

« 6° Après avoir fait bien délayer dans 1 gallon d'eau environ ½ pinte de *crottin de brebis*, on y plonge entièrement l'étoffe, qui sera retirée aussitôt et séchée au soleil.

« 7° L'étoffe est soigneusement lavée à l'eau froide, et étendue sur un banc de sable, que l'on préfère généralement dans l'Inde au gazon; on la laisse dans cet endroit pendant six heures, en l'arrosant avec de l'eau claire à mesure qu'elle sèche, afin de terminer et de perfectionner l'opération; la couleur produite par ce procédé sera d'un beau rouge clair.

Instruction pour donner une belle couleur rouge à 8 onces de coton filé.

« 1° On met dans un vase de terre 1 gallon ¼ de cendres de bois avec 3 gallons d'eau,

---

(1) Évidemment M. Couzier fait erreur dans sa description, et confond complétement l'orseille avec la racine de chaya-ver, ou garance des Indes.

(2) *Côte de Coromandel.* La Karnatic, ou la Carnate actuelle, où la France possède deux établissements : Pondichéry et Karical.

et on laisse reposer le mélange pendant vingt-quatre heures, pour le rendre propre à l'usage.

« 2° Il faut verser dans un pot de terre les matières premières suivantes, savoir : $^3/_4$ de chopine d'huile de Gengelly, $^1/_2$ pinte de crottin de brebis soigneusement délayé dans l'eau et 1 pinte de la lessive susmentionnée. Après parfaite combinaison de ces ingrédients, on les verse successivement sur le coton, qui se trouve dans un autre vase et jusqu'à ce qu'il en soit pénétré; on répète cette opération, et lorsqu'il est entièrement imprégné, on laisse tremper le coton jusqu'au lendemain.

« 3° Après l'avoir retiré, on l'étend au soleil pour le faire sécher; alors on prend $^3/_4$ de pinte de lessive de cendres, dans laquelle on roule et on presse le coton convenablement, et où il reste jusqu'au lendemain.

« 4° Le même procédé est renouvelé 3 ou 4 fois, et interrompu jusqu'au jour suivant.

« 5° Le coton ayant été de nouveau lessivé comme la veille et convenablement séché au soleil, on prépare une liqueur composée de $^1/_4$ de chopine d'huile de Gengelly, et de $^3/_4$ de pinte de lessive de cendres, dans laquelle on le presse et on le tord suffisamment et où il reste jusqu'au lendemain.

« 6° et 7° On procède comme la veille, et on fait sécher le coton au soleil.

« 8° L'opération, à l'aide de la lessive de cendres, est renouvelée trois ou quatre fois, comme dans les procédés 3, 4 et 5; ensuite on prépare un mélange composé de $^1/_2$ pinte d'eau, dans laquelle on a fait délayer préalablement du crottin de brebis, de $^1/_4$ de chopine d'huile de Gengelly, et de $^3/_4$ de pinte de lessive de cendres; après que le coton y a été pressé et tordu, on l'étend au soleil.

« 9°, 10°, 11°, 12°, 13°. Même procédé répété.

« 14° Le coton étant lavé à l'eau claire, on le tord et on le presse dans un linge jusqu'à ce qu'il soit presque sec; alors on le met dans un vase contenant $^1/_4$ de chopine de *racine de chaye* pulvérisée, et $^1/_2$ pinte de *feuilles de cashaw* (1) et 5 pintes d'eau pure, où il est de nouveau pressé et tordu et laissé jusqu'au jour suivant.

« 15° Le coton ayant été tordu et séché au soleil, on répète le procédé de la veille, et on le laisse tremper.

« 16°, 17°, 18° Tordez-le bien, séchez-le au soleil, et répétez l'opération de la veille.

« 19° Après l'avoir tordu et fait sécher au soleil, on fait bouillir le coton pendant trois heures dans une liqueur contenant la même quantité de *racine de chaye* et 5 pintes d'eau, et où il reste jusqu'à ce qu'elle soit refroidie.

« 20° Pour terminer l'opération, il suffit de laver le coton avec soin, à l'eau froide, et de le faire sécher ensuite au soleil. »

S X

Donnons aussi un procédé indien, employé à Condavir (2).

« On fait tremper les fils (précédemment mis dans une lessive bouillante), pendant

---

(1) *Feuilles de cashaw.* — Probablement l'*anacardium? Wild cashew* de la Guane anglaise, plante astringente contenant 2 $^1/_2$ pour 100 de tannin.

Ces feuilles de *cashaw* ne seraient-elles pas les mêmes que celles indiquées *cassa* par D. Gonfreville, et *cacha* par les missionnaires Du Halde et Poure?

(2) *Condavir.* — Ville de l'Indostan, présidence de Madras, province des Serkars septentrionaux, à 22 kilomètres de Gumtoor, 2,700 habitants.

Ce procédé est extrait de l'ouvrage, déjà cité, de Leuchs, qui a reproduit la description très-laconique donnée par Le Goux de Flaix, dans son *Essai sur les Indes orientales.*

six heures dans un bain fermenté, dans lequel on ajoute du lait et qui contient du tannin. On sèche, on frappe, on trempe dans un bain huileux; on sèche de nouveau, on fait bouillir dans une dissolution d'alun dont on a précipité l'acide par la chaux, et à laquelle on a ajouté du lait. On teint avec la garance du pays (chaya-ver ou autre). »

Cette description fait naître l'idée que le procédé employé à Condavir doit être un procédé d'importation européenne, ou qu'il a été examiné par une personne du métier n'attachant pas d'importance aux détails si minutieux du travail des ouvriers indiens.

Enfin, pour que cette première partie de notre travail soit complète, terminons par la description des procédés tels que D. Gonfreville les a vu pratiquer dans les Indes, de 1827 à 1843, pour la fabrication des mouchoirs teints en rouge enfumé à Madras, et des turbans teints en rouge vif à Maduré, description que nous empruntons aux remarquables Mémoires de ce savant praticien sur l'industrie de l'Inde.

On verra, par les descriptions qui vont suivre, qu'il est curieux d'observer combien les procédés indiens sont restés stationnaires; car, à plus d'un siècle de distance, D. Gonfreville retrouve sensiblement les mêmes moyens que ceux que nous avons décrits d'après les missionnaires jésuites. Faut-il attribuer cette immobilité au caractère essentiellement routinier des Indiens, ou ces procédés ne peuvent-ils subir sur place aucune amélioration profonde?

La dernière raison qu'on a quelquefois invoquée, nous paraît spécieuse, car il est permis de croire que l'importation aux Indes des éléments européens, scientifiques et pratiques, modifierait, sans aucun doute, les procédés indiens et en diminuerait la longueur.

§ XI

ROUGE DE MADRAS

1° APPRÊTS (huilages).

« 1° *Débouilli.* — *Décruage.* — On décreuse jusqu'à demi-blanc par deux lessives de *karum* (1) et une exposition de huit à dix jours sur le pré; la rosée, qui, dans ce pays est très-abondante, contribue beaucoup au blanchiment facile des cotons et des tissus; elle renferme de l'air très-riche en oxygène, qui agit puissamment sur les matières étrangères au coton et les détruit.

« En France, les mois de mai, juin, juillet et août, plus abondants en rosée, permettent de blanchir plus vite. On peut croire aussi que le coton lui-même, ainsi blanchi, conserve une certaine quantité d'oxygène favorable aux opérations ultérieures qu'il doit subir pour la teinture.

« 2° *Bain bis.* — Les schettys (2) de Madras opèrent le plus ordinairement à la fois sur une partie de coton de plusieurs *mans* (3), 4 à 500 livres; on compte ici pour 50 kilogrammes de coton. Le bain bis se prépare ainsi :

5 litres de bain *sickiou* (4), provenant d'autres apprêts dont la composition va se déduire des opérations qui suivent;

« 3ᵏ.75 de *fiente de cabri*, qu'on délaye dès la veille avec une douzaine de litres de lessive de cendres de *naiourivi*, à 1° Baumé;

« 63 serre, ou 23ᵏ.184 d'*huile de Gengely* (sésame);

---

(1) *Karum*, en malabare, signifie *sel.* — C'est, dans le cas qui nous occupe, la solution alcaline provenant du lessivage des cendres de Naiourivy. — Les Indiens nomment aussi *karum* la lessive caustique qu'ils obtiennent en lavant la terre alcaline qu'ils appellent *olla munnoo* (*munno*, signifie *terre*) et en décarbonatant la lessive par la chaux provenant de coquillages calcinés.

(2) *Schettys*, ouvriers teinturiers indiens. — Les *coulis* et les *parias* sont aussi employés comme ouvriers. Les coloristes en toiles sont appelés *moutchys*.

(3) *Man*, poids indien représentant 12 kilogrammes.

(4) *Sickiou.* — Ce mot est dérivé évidemment de l'expression indienne *neiley-sickiou*; D. Gonfreville l'emploie ici comme synonyme dans le sens des teinturiers français, c'est-à-dire aux *avances* concentrées.

« Bain de cendres de *Naiourivy*; on emploie 15 mesures (1) de cendres, on fait d'abord un bain blanc bien émulsionné, bien homogène, et dont l'huile soit bien combinée comme pour le savon; on fait une quantité de bain suffisante pour les deux bains bis, soit 50 à 60 litres. On y ajoute le bain de sickiou et de fiente de cabri, bien filtré, bien homogène; le tout bien pallié forme le *bain bis*, marquant 2°.³/₄ Baumé.

« On manœuvre le coton dans ce bain, livre par livre, en le pilant, tordant, crêpant et rabattant plusieurs fois; un quart de livre s'ajoute à chaque passe. Cette opération se fait dans un plat, sans avances de bain et, pour ainsi dire, à sec; — et non pas dans une terrine, comme dans nos ateliers, par 2 livres de coton à la fois, et 8 à 10 litres d'avances, puis 1 litre environ ajouté à chaque passe. — A mesure qu'on passe, on a tordu également et on empile à mesure, dans de grandes jarres, pouvant contenir juste 1 partie de coton bien tassé et le moins d'air possible; la jarre pleine, on la couvre, et après trente-six à quarante-huit heures on en retire le coton et on le met sécher, ce qui se fait après chaque bain.

« 3° *Deuxième bain bis.* — On n'a employé pour le premier bain que la moitié de la composition qui a été faite; on donne de même le second bain bis avec l'autre moitié, on rabat avec mêmes manœuvres et mêmes soins.

« 4° *Sels.* — On donne un bain de lessives de cendres de naiourivy, marquant ¹/₄ de degré; on le répète, on manœuvre aussi pour ce bain sans avances, et seulement avec ce qu'il en faut chaque fois pour que la passe absorbe tout par un degré convenable de la torsion; il faut proportionner d'ailleurs le tout pour que le mateau soit peu humide et surtout ne puisse pas couler; on pose en jarres quarante-huit heures, ce qui se fait chaque fois, et une fois pour toutes ne se dira plus. On étend sur des roseaux ou des cordes, et non sur le pré comme pour le blanchiment; ou sèche en manœuvrant souvent à l'étendage, pour égaler et empêcher de couler.

« 5°, 6°, 7°, 8°. — On donne ainsi quatre ou cinq sels successivement. — On fait le premier essai au curcuma, qui consiste à vérifier la teinte qu'il donne au contact du coton apprêté; on l'essaie de temps en temps, jusqu'à ce qu'il donne la teinte rouge orange convenable, que l'habitude et l'expérience seules font bien juger pour reconnaître que les apprêts sont suffisants.

« 9° *Bain blanc.* — Après le dégraissage, on a composé un bain avec six mesures d'huile de Gengely et de la lessive de cendres de Naiourivy a 1 degré ³/₄, six serres ou 2°.20. — Même manœuvre et mêmes soins qu'au bain bis.

« 10°, 11°, 12° *Trois sels.* — On augmente successivement la force de la lessive, depuis ¹/₄ de degré jusqu'à 1 degré ¹/₂, et chaque fois on fait sécher. Cette série d'opérations a pour but principal d'étendre et faire pénétrer également l'huile par tout le coton, et il est bien probable qu'il y a outre cela une action particulière de l'air sur l'apprêt huileux. On fait le deuxième essai au curcuma (comme ci-dessus).

« 13° *Bain blanc.* — Semblable au neuvième bain.

« 14° *Sel dernier.* — On fait alors le troisième essai au bain de curcuma, et les apprêts ont été définitivement trouvés suffisants.

« 15° *Dégraissage.* — C'est une des opérations les plus importantes pour la réussite ultérieure de la teinture. — On trempe dans un bain d'eau pure à 23° centigrades (température ordinaire à Pondichéry). — On dégraisse ensuite avec la lessive de cendres de *Naiourivy* ou *Karum*, qui doit toujours être employée liquide et marquer deux degrés à deux degrés ¹/₂.

« On a donné le premier dégraissage un peu alcalin après la huitième opération, et le second après la quatorzième opération; le premier se fait dans l'eau simple ou bien un peu alcaline, et le second dans un bain d'eau pure ou mêlée d'un peu de *Karum*; cela se déter-

---

(1) *Mesure.* — Une mesure de cendres de naiourivy, non tassées, pèse 325 grammes. Ces cendres proviennent de l'incinération de l'*Achyrantes atropurpurea* (Amaranthacées).

mine par l'expérience et selon l'état des apprêts et est un peu variable. On laisse tremper le coton à court bain cinq à six heures, en l'y manœuvrant deux fois à intervalles égaux, puis on le tord à la main, car les Coulies n'emploient ni cheville, ni chevillon, ni chevillette; puis on le lave, crêpe et bat plusieurs fois, et il y a pour cela de larges dalles en granit à fleur d'eau dans les étangs ou rivières.

« Ces bains de dégraissage sont très-concentrés, l'opération se faisant à très-court bain et formant ce qu'on appelle *nelley-sikiou*; ils servent, comme on l'a vu au commencement, pour apprêts à d'autre coton. Ce bain marquait 2 degrés $^1/_4$. L'état de ce bain donne aussi des indices si les apprêts sont bien réussis. Le coton est alors roide à peu près comme s'il était encollé. Le coton (les 50 kilogrammes mis en œuvre), après le premier dégraissage, pesait 75^k.4; donc les apprêts l'avaient augmenté net de 25^k.5. — Après le second dégraissage, cette augmentation était réduite à 15 kilogrammes, c'est-à-dire à 30 pour 100. — Ainsi bien fini de ses apprêts, le coton est d'un blanc parfait; on sèche.

« Les apprêts dont nous venons de parler ci-dessus durent soixante-cinq jours (!).

2° ASTRINGENTS (engallage).

« On fait infuser dans de l'eau fraîche des feuilles sèches de *Cassa*, grossièrement pilées, 17^k.500 pour la première fois; puis on brasse bien le bain et, sans retirer le marc, on y manœuvre le coton partagé dans quatre jarres, et on l'y laisse tremper jusqu'au lendemain. On le tord ensuite et on le sèche. Ce bain astringent communique au coton l'odeur et la couleur, à très-peu près semblables, du bain de sumac de Malaga, et, selon toute vraisemblance, à très-peu près aussi la même préparation, la même disposition, en un mot, le même apprêt comme astringent. Toutefois, comme la dose est relativement plus forte que celle du sumac, et qu'il paraît fournir autant, on doit estimer que la couleur jaune qu'il produit reste ensuite participant dans la teinte jaunâtre et enfumée, particulière aux rouges des mouchoirs de Madras; teinte solide qui les caractérise et les fait estimer.

« On garde le coton sec huit jours ainsi sans lui faire subir aucune autre manœuvre; cette station n'est pas indifférente : pendant ce temps, il s'exerce et s'accomplit une action bien prouvée entre l'huile dont le coton est primitivement imprégné en forte proportion, comme on l'a vu, et entre la substance astringente, et la teinte se fonce sensiblement. »

3° MORDANTS.

« On fait dissoudre de l'alun dans la proportion de 5 hectogrammes pour 2 kilogrammes $^1/_2$ de coton, soit 10 kilogrammes pour 50 kilogrammes dans 25 à 30 litres d'eau. On manœuvre dans le mordant à très-court bain, comme on le voit par le peu d'eau employée; et par de longues manœuvres les Coulies suppléent à tout, et évitent le *bringeage* qu'on aurait assurément par nos manutentions ordinaires. — On garde plusieurs jours le coton mouillé dans des jarres bien closes et lutées; après huit à quinze jours, on fait sécher et on bat, lave et sèche pour un rabat à un deuxième alunage, moitié plus faible, avec même soin, même temps et même lavage, puis on sèche. — On fait ici l'essai du *vartanguy* pour donner un dernier sel, ou plutôt un bain de *dégorgeage*, dans lequel on ajoute de la fiente de cabri ou chèvre, comme au premier bain bis; on laisse encore quelques jours sur ce bain à $^1/_4$ degré, et ce repos est nécessaire pour désacidifier le mordant, pour l'alcaliser, dernier état seul favorable à la teinture au *chaya-ver*. On lave, bat, crêpe, etc., et enfin le coton est prêt pour la teinture. »

NOTA. — Sur le mordant d'acétate d'alumine bien dégorgé, la teinture au *chaya-ver* réussit parfaitement.

« Dans plusieurs *aldées* (1), dit Gonfreville, on opère le teint sans mordant, c'est-à-dire sans alun, et il a remarqué « que les bains d'huile seuls donnaient déjà une grande affinité au

(1) *Aldées*. — Villages indiens.

coton pour la partie colorante du *chaya-ver*, et que les sels mêmes employés pour les bains d'huile devaient contenir quelque base favorable à cette action. »

A propos de cette remarque, Gonfreville relate les premières expériences faites par M. Moutchy, de Madras, sur 3 touques (1), ou 10 livres ¹/₂ de coton, pour rouge des Indes :

« On a fait à peu près les mêmes opérations préliminaires que ci-dessus, et on a, de suite après le dégraissage, commencé immédiatement l'opération du teint au *Cassa* et au *Chaya-ver*, sans intermédiaire d'alun ni d'aucun autre sel équivalent; et en huit ou dix passes successives dans le bain de *chaya-ver*, *cassa* et *noona*, à tiède (température de l'eau au soleil), dans de grandes jarres enfouies dans le sable, la couleur a monté successivement par toutes les nuances, depuis un rouge clair un peu orangé jusqu'à celle du rouge des Indes le plus intense. »

4° TEINTURE.

« Pendant la pose du coton pour le mordant et le dégorgeage, on a préparé le *Chaya-ver* et le *Noona*; on trie les racines du chaya, on les émonde, on en partage le haut et le bas; la première partie contenant moins, ou quelquefois même ne contenant pas de substance colorante, sert pour la première teinture; et la seconde partie, la racine nette, sert pour les dernières teintures et même seule pour les belles couleurs. On pile, on vanne, on tamise, et, pour ces diverses préparations, on tient à ne se servir que d'ustensiles de granit ou de bois, jamais de fer; on broie et pulvérise seulement les racines de *Noona*, qui, plus grosses, n'ont pu être coupées que par des outils de fer, qu'on a grand soin de garantir de la rouille. Ces deux substances pulvérisées ainsi, on ajoute un peu d'huile de sésame au *Chaya-ver* qu'on remue; une serre suffit pour 100 kilogrammes de *Chaya-ver*; alors tout est prêt la veille, et on procède à la teinture.

« *Teinture* ou plus exactement *retirage*. —On a pesé 18 kilogrammes de *Cassa-elley* (2) et 18 kilogrammes de *Noona marum* (3), le tout en poudre très-fine pour deux fois. On se sert d'huile de Palma-christi dans cette pulvérisation du *Cassa*. On garde et emploie pour des cotons très-gros et des teintures plus communes les déchets de ces trois substances qui ont résisté au pilon et resté sur le crible, ou bien on les fait infuser convenablement, on en jette ensuite le marc, et le bain décanté sert alors en place d'eau pour composer un nouveau bain. — On a divisé la partie de 50 kilogrammes de coton en cinq lots égaux, soit 10 kilogrammes à chaque; on avait cinq paneiles inégales, et cinq Coulies-parias ont fait les manipulations.

« On a d'abord bien pallié le bain tiède sans feu, eau et marc, et on y a jeté vivement et tout à la fois les 10 kilogrammes de coton divisés en une trentaine de mateaux; on a remué, tourné et cabriolé le tout avec quelques précautions, pour que les poudres des substances colorantes se répartissent d'abord également, et puis pour ne point brouiller les mateaux chaînés; puis on a manœuvré chaque mateau tour à tour, et par un tour de main particulier à l'ouvrier indien en pressant et tordant à chaque *prise de main*, et en parcourant ainsi chaque mateau sur toute sa longueur, et cela par récidive, cinq ou six fois à chaque manœuvre. Il est bien entendu qu'on a laissé le *Noona* et le *Cassa*, et qu'on ne les a pas séparés pour n'en employer que l'infusion, comme on le fait en France pour le bain de sumac, qu'on tire à clair pour en imprégner le coton. On opère à très-court bain et sans feu, mais il faut tenir compte de ce qu'on a fait l'infusion dans des jarres de terre exposées au soleil, et qu'on opère à Pondichéry à 100° Farenheit, température actuelle de l'air. On a manœuvré une heure et demie tors par tors; le coton paraît d'abord un peu bringé, jaunâtre par place ou rougeâtre; mais peu à peu il s'égalise, se fond et se couvre; alors on l'abat, non par tors, mais de même entier et par les cordes, en les tenant pour cette manœuvre.

---

(1) *Touques.* — La touque pèse 3 livres ¹/₂.

(2) *Cassa-elley.* — Feuilles du *Memecylon tinctorium* (Mélastomacées), d'après Gonfreville. — Elley veut dire *feuilles*.

(3) *Nona marum.* — (Voir plus haut la note sur les succédanés indiens de la garance.)

les ouvrant bien, puis les couchant par lits, et à courts bains, très-pressés. On peut considérer cette opération comme un deuxième *dégorgeage*. — On a levé le coton après six heures de pose, on a répété la manœuvre, puis encore de même six heures après, et le lendemain on l'a levé, tordu, secoué légèrement de la poussière qu'il contenait, et on l'a mis sécher. — Lorsqu'on reconnaît qu'après la seconde manœuvre le coton n'a pas déjà la teinte nécessaire, alors on pèse encore quelques kilogrammes de même substance astringente et colorante, et dans les mêmes rapports et sans les faire infuser, on se contente d'en ajouter une poignée fixe pour la passe de chaque tors, ayant soin d'abord de bien l'étendre, la brasser dans tout le bain à chaque fois, et s'il y a un reste après la manœuvre de 10 kilogrammes de coton, on le mêle dans tout le bain et on y rabat le coton; on lui fait faire quelques tours en masse et on le met en soude. »

Nota. — « Le bain de *Cassa* et *Noona*, entre le mordant et la teinture proprement dite, doit être considéré comme ayant un double but : 1° comme le bain de sumac donné dans le même ordre des opérations avant le garançage des indiennes, pour dégorger le mordant mal fixé; et 2° pour ajouter une teinte jaunâtre au rouge même de *chaya-ver*, qui seul vire au pourpre. — Le *Cassa* seul donne une couleur jaune; le *Noona* seul donne une couleur orange qui sympathise des deux autres; ainsi ces trois substances colorantes entrent dans la constitution du véritable *rouge des Indes*. »

Première teinture. — On a employé 75 kilogrammes de *Chaya-ver* en poudre, qu'on a partagé dans les cinq jarres, et 5 kilogrammes de *Cassa-elley*, et on a fait les mêmes manœuvres qu'à l'opération précédente; le bain sert après pour d'autre coton; en sortant de cette teinture on ne le lave pas, on le tord seulement.

Deuxième teinture. — Avec 50 kilogrammes de *Chaya-ver* diverses qualités, même manœuvre, même temps, mêmes soins; on a lavé.

Troisième teinture. — Avec 50 kilogrammes de *Chaya-ver* de première qualité. Cette fois, on opère dans des jarres montées sur des fourneaux. Toutefois la manœuvre est la même, et on a lavé le coton avant de l'abattre dans ce bain; l'opération sur le feu dure de trois à quatre heures, et de même en opérant dans cinq jarres; on chauffe très-lentement et on la finit par une ébullition modérée d'une demi-heure environ. Je trouvai utile d'ajouter un peu de *Karum* à 1 degré, 1 litre par jarre; en général, avec l'eau un peu saumâtre, cette addition est inutile. — Pendant toutes ces teintures, le bain de *Chaya-ver* ne paraît jamais rouge, mais pour savoir s'il se *tire bien*, s'il s'épuise bien en dépôt colorant, sans tourner, le *paniken* (1), de temps en temps, essaye quelques gouttes dans la paume de sa main, du bain avec son *Karum d'épreuve*, qui fait rougir le bain tant qu'il n'est pas tiré, et qui ne rougit plus d'une certaine manière, et d'une nuance fixe, quand l'opération va bien; car il sait que si le bain est tourné, le *Karum* ne le rougit plus, et cependant sa couleur n'est pas épuisée, sa teinture non saturée n'est pas finie, et il y a dès lors perte de substance colorante.

« On laisse tremper jusqu'au lendemain; on laisse même en tas encore vingt-quatre heures, jusqu'à ce que le coton soit bien refroidi, et alors on procède à un lavage. »

5° ALTÉRANTS (ou avivages).

« Le coton doit être bien lavé et battu plusieurs fois, alors on le met sécher en l'étendant très-mince sur des barres ou des cordes de Kaer (2), et de manière que les écheveaux ne se croisent pas; on l'expose plusieurs nuits dehors en le secouant, l'ouvrant et le tournant chaque soir, et, selon le ton qu'on veut obtenir, on le passe dans un bain faible de *Karum*, et on l'étend sur l'herbe, ou quelquefois même dans des parquets (3) disposés pour les

---

(1) *Paniken*. — Contre-maître des teintureries indiennes. — Les ouvriers sont généralement des *coulis* parias, ou des *schettys*.

(2) *Kaer?* Inconnu dans les *Dictionnaires géographiques*.

(3) *Parquets*. — (Voir au *Rouge de Maduré*, la vingt-cinquième opération, préparation des parquets.)

moutchys, et où il y a quelques pouces d'eau; et ainsi légèrement imprégnés de fiente de cabri et de *Karam*, plus ou moins fort, selon ce que l'expérience détermine d'après le ton de la couleur, on les y range, et on les laisse quelques jours subir l'arrivage naturel de l'alcali, de l'eau et du soleil, ayant soin de les tourner souvent pour que cette action assez puissante s'exerce uniformément. — Il y a sous cette influence, dit Gondreville, des transformations de couleurs vraiment remarquables, bien peu sur le rouge qui se vivifie toujours bien sensiblement. — On conçoit facilement qu'après avoir reconnu que l'exposition à l'air, au pré ou au parquet a duré assez longtemps, il suffit d'un dernier rinçage et battage pour que la teinture soit terminée.

La teinture du coton filé en *rouge de Madras*, au *Chaya-ver*, revient à 3 fr. 85 le kilogramme, ainsi qu'il ressort du prix ci-dessous :

Substances employées et prix de revient pour la teinture du rouge de Madras pour 50 kilogrammes de coton.

		Kil.	Fr. c.	Fr. c.
1° APPRÊTS.........	Cendres de Naïouriri, 262 mesures, ou......	85.5	7.90	
	Fiente de cabri, 25 mesures, ou............	12	0.40	
	Nelley-sickiou, 10 mesures ou.............	5	3. »	
	Huile de Gengely, 150 serres, ou..........	27.5	15.40	26.70
2° DEUXIÈME ÉPREUVE.	Curcuma, 1 touque 1/2, ou................	2.70	0.567	
	Vartanguy, 1/2 touque, ou................	0.45	0.063	
	Kadoucaie-poo (feuilles), 5 gallons........	0.18	0.077	
	Kadoucaie-pingie, 5 gallons, ou...........	0.10	0.018	0.72
3° ASTRINGENTS......	Huile de *Palma-christi* pour piler le cassa, 20 serres, ou....................	2.60	1.352	
	Cassa-elley (feuilles de cassa), 5 bottes, ou....	30	3. »	4.35
4° MORDANTS........	Alun (première qualité), 3 touques 1/2, ou....	15	7.35	
	Karum, 10 mesures, ou....................	»	0.30	7.65
5° TEINTURE........	Noona-ver (première qualité), 42 touques, ou..	73.5	16.17	
	Chaya-ver (deuxième qualité), 84 touques, ou	147	51.45	
	— (première qualité), 28 touques, ou..	49	27.44	95.06
	Main-d'œuvre, cent-vingt journées..........		36. »	
	Chauffage, 1 stère de bois................		10. »	
	Frais généraux et loyer.................		12. »	58. »

Ce qui établit le prix de revient à 3 fr. 85 le kilogramme de coton = 192.48

§ XII

ROUGE VIF DE MADURÉ (1) pour turbans.

Extrait du journal des opérations du procédé de teinture en *rouge de Maduré*.
Sur 5 courges, ou 100 pièces, ou 200 turbans (2). — (D. Gonfreville, 1830.)

« ..... Le *rouge de Maduré* est distinct du *rouge de Madras* non-seulement par le ton, mais encore, comme on va le voir, par le système des opérations dernières. On peut même reconnaître, par ce système, qu'il tend à avoir une intensité, un éclat et une solidité supérieurs. »

---

(1) *Madura* ou *Maduré*, aussi *Dindigul*. — District et collectorat de l'Indoustan. — Présidence de Madras, province de Carnate, au sud de la presqu'île indoustanique. — 1,135,000 habitants. — Industrie active. — Objets de coton. — Teintureries. — Cédé aux Anglais en 1801, par le nabab d'Arcot. — *Madura*, ville de l'Indoustan, chef-lieu du district de ce nom; sur le Vighey, 20,000 habitants. — Toile de coton. — *Madura* est probablement l'ancienne *Modura* ou *Modura-Pandionis* de Ptolémée.

(2) Le turban, on le sait, est d'un usage général pour la coiffure des Orientaux. — « Pour la majorité

« On fait à Maduré du rouge de diverses qualités, en rapport le plus ordinairement au plus ou moins de qualité des tissus. Pour les moyennes et belles qualités de turbans de Maduré (1), cette teinture en pièces est aussi plus chère que celle en fils pour les mouchoirs de Madras, en réduisant d'ailleurs le prix par livre de coton. Les apprêts sont plus ou moins forts et le nombre des teintures en augmente le fond, l'éclat, la qualité et le prix.

« Décrivons maintenant le procédé de teinture, qui se compose de vingt-six opérations :

« *Première opération.* — *Décreusage.* — On met tremper dans l'eau fraîche jusqu'à ce que tout soit bien imbibé et pendant vingt-quatre heures ; on pile, tourne, lisse, foule de temps en temps et bien à l'aise d'eau ; ensuite on lave et bat à l'étang sur les granits établis pour cela et afin d'enlever complétement l'apprêt du tisserand ; alors on met sécher. — Pour les manœuvres on faufile alors les turbans deux par deux par les lisières d'un côté ; ainsi disposés ils subissent les opérations suivantes :

« *Deuxième opération.* — *Apprêts.* — *Bain blanc* ou *bain d'huile.* — Pour les manœuvres il est plus commode et d'usage de subdiviser la partie ou la mise en lots de vingt pièces chacun, soit quarante turbans ou deux courges (2). — La partie se manœuvre par cinq coulie (ouvriers). — Les proportions ci-après sont pour chaque lot, il ne s'agira pour la partie que de multiplier par 5.

« On prépare pour chaque saal (3) et pour chaque coulie un premier bain dans des saals de

---

des habitants de l'Orient et surtout de l'Inde, du Pégu, le turban se compose d'une pièce de mousseline plus ou moins fine, quelquefois blanche, rarement bleue, selon les castes, et le plus communément teinte en rouge, en véritable rouge des Indes, en rouge au chaya-ver, plus vif que le rouge de Madras, et non allié de substance colorante jaune du cassia, ou alors en beaucoup moindre proportion. »

On peut se faire une idée très-approximative de l'importance, de la fabrication et du commerce des turbans rouges, par les documents suivants et par les calculs qui s'en déduisent :

« La population de l'Inde, en deçà et au delà du Gange, peut-être estimée à 140 millions d'habitants ; mais en comprenant la Perse, l'Arabie, le Pégu et les diverses populations sous *l'empire du turban*, on croit pouvoir porter ce nombre total de 550 à 600 millions, comprenant généralement en ce nombre la population de la partie de l'Orient qui fait plus ou moins usage du *turban rouge*, etc., comme les Indiens, les Birmans, les Malais, les Péguins, les Persans, les Arabes, les Javanais, les Mogols, les Tibétiens, les Siamois, les Turcs, les Chinois, etc. (a) »

La ville de Maduré, dans le Myosre, fournit presque seule, d'après D. Goufreville, ou principalement, à cette consommation. « Ainsi, ajoute-t-il, on croit pouvoir établir que la consommation en est plus que doublée de celle de l'Inde seule pour le commerce extérieur, ce qui porterait, d'après ces données, pour cinq années (la durée moyenne d'un turban), à 2 millions de turbans pour l'Inde et 2 millions pour les autres contrées ; soit donc en tout 11 millions en cinq ans, ou 800,000 turbans, etc., chaque année, nécessaires à la consommation, déduction faite de la population (femmes et enfants et castes parias) qui ne portent jamais le turban rouge).

« Sur ces premiers documents il en résulte une consommation de 400,000 turbans, ceinturons, pagnes, moustiquaires, etc., en mousselines rouges pour l'Inde, et de 400,000 pour les autres contrées d'Orient limitrophes, quantité qu'il faut fabriquer et teindre moyennement chaque année pour l'entretien de la coiffure, etc., de cette partie essentielle et souvent unique de la toilette des Indiens et des autres peuples orientaux. »

(1) Chaque turban pèse 175 à 180 grammes, mais emploie en moyenne 180 grammes de coton, ce qui fait annuellement pour cela (en prenant les chiffres de la précédente note), 144,000 kilogrammes de coton à teindre en rouge (correspondant à environ 577,000 pièces) et de là, environ 432,000 kilogrammes de *Chaya-ver* de diverses qualités.

Un turban mesure en longueur 21 à 22 mètres, et jusqu'à 25 ; en largeur, 23 à 25 centimètres.

100 turbans pèsent, en huit qualités diverses, ensemble 20k.8 et fraction ; donc 100 pièces pèsent 41k.6.

(2) *Courges.* — Nom de nombre correspondant à 20 turbans.

(3) *Saals.* — Jarres.

a) Rappelons que D. Goufreville écrivait cela en 1830. — Mais déjà à cette époque, et après, les fabriques grecques, turques et russes devaient déjà fournir à cette énorme consommation. — Qu'on n'oublie pas que les fils et étoffes teints en *rouge turc*, ou d'Andrinople, dans le Levant et dans les importantes teintureries russes de Moscou, principalement, sont consommés sur place d'une part, et s'exportent en quantité considérable sur tous les points de l'Asie.

grès avec 70 serres (35 litres) d'huile de Gengely, et la lessive de **220** paloms (7ᵏ.8) de cendres d'*Oumeripoun los* (1) (à froid dans quarante litres d'eau pure).

« On fait la manœuvre dans une tiselle ou sorte de plat à ce destiné spécialement, et on ne passe ou manœuvre à chaque fois qu'une seule pièce, c'est-à-dire deux turbans faufilés ensemble par une lisière.

« La manière de manœuvrer, de fouler, tordre, éventer et crêper les turbans dans ce bain se rapporte à celle usitée pour manœuvrer le coton en écheveaux dans les bains d'huile, seulement on n'emploie que très-peu d'*avances*, ou plutôt on ne met chaque fois que la quantité de bain que la pièce peut absorber après une torsion modérée. Mais une singularité dans la pratique de cette manœuvre et à laquelle le schetty attache une rigueur inflexible, c'est de compter chaque fois combien il foule, et de fouler d'abord trois cents fois chaque poignée vivement et tour à tour alors dans ce premier bain, ce qui demande deux minutes et demie pour chaque pièce; puis d'augmenter de cinquante fois chaque nouveau bain suivant, de sorte qu'au quatorzième et dernier bain il foule mille fois, et est par conséquent de cinq cents secondes, c'est-à-dire entre huit et neuf minutes à la manœuvre de chaque pièce.

« On manœuvre dans tous les bains à froid (température du pays en cette saison, 32° Réaumur; 40° centigrades; 104° Fahrenheit); la manœuvre se règle habituellement ainsi : après que les turbans ont été bien séchés, ce qui se fait dans la journée, on les retire du soleil et on les laisse quelque temps à l'ombre pour les rafraîchir; le soir on les passe de nouveau dans le bain, en les foulant le nombre de fois prescrit, on les tord légèrement à la main et on les met dans une grande panelle ou jarre, et on les empile tous en y versant par-dessus le peu de bain restant après chaque passe d'une pièce. On en met ainsi dans chaque panelle une courge ou vingt pièces, on les y laisse tremper une nuit en recouvrant la panelle. — Le lendemain matin on les retire une à une et on les foule encore le même nombre de fois que la veille, en se servant de la même tiselle et du même bain qui devient suffisant par la pression proportionnée convenablement. — Après la manœuvre terminée, pareille sur toute la partie de turbans, on les étend alors sur des perches de bambou pour les faire sécher au soleil; pendant la dessiccation on a bien soin d'ouvrir les lisières et de changer de côté, afin que le bain ne puisse pas couler et occasionner alors des taches d'huile dans le bas, dans les plis. — Cette manœuvre se fait généralement pour toutes les opérations d'apprêts qui vont suivre.

« En tendant les pièces convenablement sur toute leur longueur et horizontalement on évite cet inconvénient; mais il faut alors poser sur l'herbe ou sur le sable, et l'un et l'autre ont d'autres inconvénients; pour le mieux, on a dans quelques ateliers des plates-formes stucées, dites *Argamasses*, de dimensions convenables et qui ne servent qu'à cela. — On emploie vingt litres pour le premier bain et vingt pour le second.

« *Troisième opération*. — *Sels*. — Le troisième jour après que les turbans ont séché bien également et complétement, on les pétrit trois cent cinquante fois ou cent soixante-quinze secondes, dans un bain de lessive de cendres d'Oumeripoundou marquant 2 degrés Baumé, et avec les mêmes manutentions et précautions recommandées ci dessus. On emploie ainsi pour la courge de vingt pièces, vingt litres de lessive, on trempe à la panelle une nuit, on foule de même le lendemain, on étend, tourne, secoue et sèche; le sable se collerait dans l'huile des apprêts, et l'herbe tacherait au moindre contact avec l'apprêt.

« *Quatrième opération*. — Le quatrième jour, même bain, mêmes proportions, mêmes manœuvres, mais de plus on pétrit cinquante fois; même pose à la grande jarre, même séchage. le

---

(1) *Oumeripoundou*. — Espèce d'arroche marine (*Salso'a nudiflora*, 6ᵉ classe de Jussieu. — Vulg. *soude*). Famille des *Salsolées*, d'après Hœfer.

Les *soudes* (*Salsola*) croissent généralement dans le voisinage des eaux de la mer. Quelquefois elles habitent dans l'intérieur des terres, près des salines ou des lacs salés (en Barbarie, par exemple). — Ce sont ces plantes qui, brûlées, donnent les cendres desquelles on retire la soude, dont les types sont celles dite *barille* ou d'*Alicante*, de *Carthagène*, de M*laya*, de *Narbonne*, d'*Aigues-Mortes*, etc.

Il ne faut pas confondre les *Salsola* avec les *varechs*, *Fucus* ou goemons, qui fournissent aussi de la soude.

tout régularisé aux mêmes heures chaque jour et constamment par les mêmes coulies. — On préfère entreprendre de fortes parties pour des opérations dans les trois mois de juin, juillet et août. — Les contrariétés et les variations de temps et de température dans les neuf autres mois, s'opposent à une aussi parfaite garantie pour la réussite des teintures, et puis elles coïncident ainsi à l'époque de la meilleure récolte du Chaya-ver.

« *Cinquième opération*. — Il est bien entendu que chaque opération demande au moins un jour et le plus ordinairement deux : même bain, mêmes proportions, même opération et mêmes manœuvres.

« *Sixième opération*. — Ayant alors observé que l'apprêt n'était pas convenablement donné pour plusieurs pièces, on a composé un bain de 10 serres d'huile de Gengely, environ (5 litres), et de lessive de cendre d'Oumeripoundou bien claire, bien homogène, bien filtrée, et marquant 1° ³/₁₀ à l'aéromètre Baumé. Cette correction, ce supplément à la deuxième opération, se fait aussi habituellement à Maduré.

« *Septième opération*. — On a donné des bains de lessive pure avec les mêmes manipulations, le soir et le lendemain matin avant d'étendre, et cela comme pour tous les précédents, mais en augmentant progressivement le nombre des foulages et ne faisant qu'une opération au plus chaque jour.

Huitième, neuvième, dixième, onzième, douzième opération. — Mêmes opérations. — La onzième, le dix-huitième jour.

«M. Gonfreville fait observer ici comme très-important pour la pratique que, lors des premières passes, le peu de bain qu'on en exprime par la torsion ne sert pas et que les gouttes qu'on en tire ainsi doivent être claires comme de l'eau, quoique les turbans soient huileux et extrêmement gras ; mais après un certain nombre de sels et seulement vers la treizième opération, ces gouttes de la torse deviennent comme de l'eau de savon, et en pressant ou tordant les turbans, ils se couvrent de mousse savonneuse, ce qui n'avait pas lieu avant ; ceci est l'indice que les apprêts commencent à être faits et sont bientôt suffisants; on pétrit dans tous les cas à sec, puis à court bain comme il a été dit.

« On ne fait pas alors l'épreuve au curcuma comme dans les apprêts du rouge de Madras ; on remarque aussi des différences notables entre ces deux procédés; on n'emploie point le même alcali, on ne mêle pas de fiente de cabri au bain d'huile, on n'ajoute pas de Noona dans la teinture, etc., et les proportions offrent aussi des dissemblances.

« *Treizième opération*. — Idem : — Fouler, mille fois.

« *Quatorzième opération*. — Les pièces alors étaient roides comme de forts tissus, et pesaient 38 kilogrammes; on les a gardées vingt jours en panelle, cinq sèches, et quinze jours après le dégraissage.

M. D. Gonfreville fait suivre la description de ces quatorze opérations, des observations suivantes que nous ne pouvons laisser passer sous silence.

« On voit par le système d'opérations que nous venons de décrire qu'on applique d'abord toute l'huile nécessaire à l'apprêt en un ou deux bains, puis qu'on donne une série de dix à douze bains de simple lessive de cendres d'Oumeripoundou. Il y a une différence notable alors dans notre système (le système français), qui consiste à donner au contraire huit, dix et même douze bains d'huile, très-faibles à la vérité, et seulement un ou deux sels, ou quelquefois même aucun ; cela est une différence essentielle ; mais notre sel de soude pour faire le bain blanc est pur ; l'alcali indien ne l'est pas, et par cela même devient ; lus favorable à leur système d'opération, et voici comment ; dans ce procédé de Maduré, on ne donne pas d'aluminage, et cependant la couleur obtenue est fixe au plus haut degré, et cette anomalie ne peut s'expliquer, d'après Gonfreville, qu'en reconnaissant que le sel de l'eau d'Ouméripoundou contient de l'alumine (à l'état d'aluminate alcalin) qui « fait un savon métallique, « lequel fixe peu à peu l'huile et fait mordant.» — En donnant un nombre suffisant de bains sur l'apprêt primitif d'huile, nul doute, ajoute Gonfreville, « qu'il ne se fixe ainsi sur le tissu « quelque chose de semblable à un oléate d'alumine parfaitement insoluble, intimement com-

« biné, et que l'action de l'air et de la lumière pendant plus d'un mois ne modifie encore « avantageusement pour le but proposé. »

« *Quinzième opération.* — *Quarante sixième jour.* — *Dégraissage.* — Dans des saals on met de l'eau fraîche, soit 2 litres au plus par turban, on dispose les pièces d'une certaine manière pour qu'elles ne se nouent pas, ne se mêlent pas et ne se déchirent pas pendant les manœuvres; or les croise et chaîne avec soin pour cela et par lits, et on les laisse ainsi tremper cinq à six heures dans cette eau; on les tourne une fois seulement pendant ce temps, et deux heures après on les lève une par une, les tord fortement à la main pour en conserver le bain; chaque saal ne contient que 2 courges ou 40 turbans pour rendre cette manœuvre plus commode: alors on les porte près de la rivière d'une eau pure et éprouvée, on les *tire* par plusieurs fois et en divers sens; on les tord, on les pose, puis on les bat sur les pierres, on les remet à l'eau courante, on les rince de nouveau, et cela deux ou trois fois, de sorte que, pour les poses intermédiaires, ce lavage se prolonge toute la journée. — Lorsque enfin les pièces ne salissent plus l'eau, après un dernier rinçage on les tord, on les étend avec soin sur des cordes tendues à ce destinées, et lorsqu'elles sont bien séchées, on les plie, et garde à sec pendant quinze à vingt jours.

« Les bains restants de ce dégraissage servent ensuite, sous le nom de *sickiou*, pour d'autres apprêts.

« Pendant les trois derniers jours on a noué les turbans pour moucheter et on a trié les racines de Chaya-ver, bien choisi de qualité, qu'on a coupé, pilé, pulvérisé, tamisé et vanné, et dont on a fait plusieurs lots selon les qualités. On a séché en même temps la petite quantité de feuilles de Cassa qu'on y adjoint quelquefois, et on les pile séparément.

« *Seizième opération.* — *Soixante-deuxième jour.* — *Teinture.* — On emploie, pour la première teinture de quarante turbans, 9 kilogrames de Chaya-ver et 3ᵏ.75 de Cassa elley (ou feuilles de Cassa) sèches que l'on fait infuser dans une quantité d'eau suffisante, le tout divisé alors également dans cinq panelles convenables pour contenir chacune huit turbans ou quatre pièces, et qu'on a préalablement placées dans le sable et exposées au soleil depuis huit heures jusqu'à midi; on y met ensuite les turbans jusqu'à quatre heures et toujours exposées au soleil. On relève, tourne et laisse tremper jusqu'au lendemain.

« Le bain de Chaya-ver doit être alors très-clair et non rouge; on en retire les turbans, on les lave à l'étang, on les bat légèrement sur la pierre et puis on sèche au soleil.

« Ces diverses manutentions se répètent pour toutes les autres opérations qui suivent. — A la troisième et quatrième teinture, on fait bouillir seulement une demi-heure, puis à la quatrième, cinquième, etc., un peu plus et progressivement, et à la dernière teinture une heure et demie et même deux heures, selon la nécessité. — A chaque teinture on fait toujours tremper un bout privilégié du turban quelque temps seul. (Par la manière de coiffer le turban, cette extrémité, avec sa frange d'or, se trouve plus en évidence et forme gland ou panache et nœud.)

« *Dix-septième opération.* — *Soixante-troisième jour.* — *Deuxième teinture.* — Mêmes manœuvres, même temps, mêmes soins, en lavant et séchant après chaque teinture. — On emploie le Chaya-ver de première qualité, dite *Calpoully.*

« *Dix-huitième opération.* — *Soixante-troisième jour.* — *Troisième teinture.* — Le même jour, on répète la même opération (après avoir bien lavé les turbans à la rivière et les avoir séchés.)

« *Dix-neuvième opération.* — *Soixante-cinquième jour.* — *Quatrième et dernière teinture sur cinquante pièces,* même opération. — A quatre heures on tord les pièces et on les arrange dans cinq autres panelles; on fait le feu en manœuvrant pendant une heure à cinq quarts d'heure en chauffant progressivement, on fait bouillir doucement un quart d'heure à demi-heure, et on laisse le tout sur le feu éteint jusqu'au lendemain matin.

Vingtième opération. — *Soixante-sixième jour.* — *Cinquième teinture et dernière à quinze pièces.*

Vingt et unième opération. — *Soixante-septième jour.* — *Sixième teinture et dernière à dix pièces.*

Observations. — Quelques qualités de couleurs, selon aussi les qualités plus communes du tissu, se terminent après la quatrième teinture. En général, plus un tissu est fin, à égalité de poids, plus il faut de substance colorante pour l'amener à un même ton, à une même nuance ; d'autres se terminent à la cinquième et d'autres après la sixième. — Moitié de la partie (de deux cents turbans) a subi quatre teintures, un quart cinq ou six teintures et l'autre quart, composé de tout ce qu'il y a de plus beau, de plus fin en mousseline, est encore continué comme suit : A mesure que les teintures se terminent et arrivent aux nuances voulues, on retire les turbans, on les secoue pour en enlever le plus possible la poudre de chaya-ver; on les trempe, rince, bat, lave, tord et on les fait sécher, ou quelquefois on les laisse mouillées pour l'avivage. — En tout deux jours.

Vingt-deuxième opération. — *Soixante-dixième jour.* — *Septième teinture à huit pièces.* — On donne une septième teinture à vingt-cinq pièces restant, dont huit pièces pour rester finies après et huit autres pour en subir une huitième, et neuf enfin restant ont subi neuf et dix teintures, et deux seules à douze teintures.

Vingt-troisième opération. — Huitième teinture et dernière à dix-sept pièces et dernière à huit.

Vingt-quatrième opération. — Neuvième teinture à neuf pièces et dernière à deux. — Dixième teinture à sept et dernière à trois. — Onzième teinture à quatre pièces et dernière à deux. — Douzième et dernière teinture à deux pièces.

Le soixante-douzième jour on a donné une septième teinture, et pour chaque lot de huit turbans on emploie 1ᵏ.75 de Chaya-ver en poudre, et 0ᵏ375 de Cassa-elley en les manœuvrant avec les mêmes dispositions et soins recommandés ci-dessus.

Le soixante-quatorzième jour, huitième teinture à un lot de huit turbans avec 2 kilo-grammes de Chaya-ver et 1 hectogramme de Cassa-elley. — Ces bains reservent pour recom-mencer ou nourrir d'autres bains.

Le soixante-quinzième jour, neuvième teinture à un lot; — le soixante-seizième jour, dixième teinture au lot restant de sept pièces; — le soixante-dix-huitième jour, onzième teinture à un lot de quatre pièces; — le quatre-vingtième jour, douzième teinture au dernier lot de deux pièces. — On laisse les pièces sécher successivement, et les derniers douze jours on les laisse encore tassées et enveloppées avant de leur faire subir les dernières opérations, dites *altérants* (ou avivages).

ALTÉRANTS. — *Vingt-cinquième opération.* — *Avivage.* — *Quatre-vingt-douzième jour.* — Dans des trous faits exprès dans le sable, près de la rivière, et assez grands pour contenir 5 gallons d'eau (8 peintes chacun), lorsque le trou est fourni de lui-même, à travers le sable, de cette quantité d'eau filtrée, on y délaie un palom de terre à soude, *Olla munnoo*, on y met tremper deux pièces pendant vingt minutes, et on continue à nourrir de soude et de pièces à mesure que les autres manœuvres se font, et on pratique ainsi quelques douzaines de trous dans le sable pour la manœuvre de grandes mises à la fois ; cette disposition ressemble assez à celle des lavoirs publics d'Italie.

Quatre-vingt-treizième et quatre-vingt-quatorzième jours. — *Préparation des parquets.* — *Exposi-tion des tissus garancés.* — Pour disposer commodément et économiquement ces parquets, on choisit des endroits ou des rivières d'eau pure, présentant de vastes bords et des plaines de sable. On subdivise le terrain sablé en cinq ou six parallélogrammes et on nivelle parfaite-ment le tout en fond de sable pur et sans aucune terre, ni vase, ni limon de rivière, sans aucune végétation; on entoure de petits rebords, en relevant du sable, de manière à pouvoir placer dans chaque parallélogramme dix à vingt turbans bien développés et tendus sur toute leur longueur, absolument comme on le fait dans les fabriques d'indiennes dans l'ex-position sur le pré. Les rebords de sable, qui ont au plus 15 centimètres de hauteur, servent à maintenir l'eau, et de petites rigoles semblables munies de vannes servent à diriger et à régler les courants d'eau à l'entrée et à la sortie des parquets, et à dégager l'eau sale après le service de chaque parallélogramme. On bat ensuite fortement le sable un peu humide pour raffermir et le dresser parfaitement.

3

Lorsque les parquets sont terminés, on y tend et attache d'abord les turbans, on les nivelle bien, et on fait ensuite arriver l'eau sur une épaisseur de 10 à 12 centimètres. Les turbans sont disposés de manière à pouvoir changer les pièces de côté afin de permettre à l'avivage de se produire de un à six jours sur les deux faces.

L'exposition est répétée plusieurs jours (de un à six jours, selon le fond), jusqu'à ce que les couleurs soient nettoyées d'une partie fauve qui les ternit et qu'elles soient devenues aussi nettes, propres et vives que possible; le rouge s'éclaircit, se vivifie, s'avive et se rose par l'action simultanée : 1º de l'alcali faible dont les pièces ont été préalablement imprégnées avant d'être mises dans le parquet; 2º par l'action du soleil, et 3º par celle de l'eau; la surface de l'eau se couvre peu à peu, en effet, d'une petite pellicule ou écume, de place en place, d'une couleur fauve, que le courant enlève vers les rigoles.

Après l'exposition au parquet le temps reconnu suffisant, on lave encore les pièces à la rivière, on les bat, on les rince avec beaucoup de soin, et on les fait sécher.

Vingt-sixième et dernière opération. — APPRÊT OU CANGEAGE. — *Quatre-vingt-quinzième jour.* — Pour le cangeage de chaque pièce de deux turbans, on prend une mesure de *Natcheni* (1), on le nettoie des poussières qu'il contient, et on en fait un cange (eau aigrie) comme avec le riz; on y passe quatre fois les pièces, on les trempe, tord et fait sécher.

On défaufile alors les pièces, on sépare les turbans un par un.

On fait ensuite bouillir, pour chaque partie de quarante turbans, dix mesures de *Keverou* (2), soit environ 5 kilogrammes dans eau suffisante pour faire 15 litres de bain tout prêt; on en extrait le cange en le passant à clair à travers une toile serrée. On trempe les turbans dans ce cange tiède, deux par deux, en les pétrissant, puis les tordant fort et également. Alors, deux ouvriers tenant chacun un bout, le développent avec soin au soleil sur toute la longueur sans faire toucher à terre, et un troisième a soin de bien ouvrir les lisières pendant toute la dessiccation. Chaque turban est ainsi traité l'un après l'autre et ne sort pas de leurs mains qu'il ne soit entièrement sec, ce qui, au surplus, n'exige pas plus de cinq à six minutes, vu l'ardeur du soleil, la finesse du tissu, la manœuvre exécutée et la propriété du cange. On les plie à mesure et on les finit d'une certaine manière en leur donnant un petit battage à la main en les pressant.

Comme pour le rouge de Madras, je donnerai, d'après M. D. Gonfreville, le prix de revient de la teinture selon le procédé de Maduré :

Pour une courge ou 20 turbans.

	Roupies.	Fanons.	Caches.		Fr. c.
45 serres, huile de Gengely, à ½ fanon de Madras, 10 à 11 caches de Pondichéry.	4	1	4	soit	9.94
15 livres, soude d'Oumeripoundou	3	»	»	—	7.20
¼ barr, Chaya-ver non coupé, 60 livres environ coupé, à 22 pagodes le barr.	19	2	»	—	46.20
Cassa	»	2	»	—	0.60
Main-d'œuvre, 2 coulies, 15 jours pleins, à 30 fanons	3	6	»	—	9. »
Bois pour le chauffage	»	1	»	—	4.20
Natchenny pour le cangeage	»	2	»	—	0.60
Loyer et deux jours, *id.* pour la manœuvre du lavage au parquet	»	1	»	—	1.20
Total	31	5	4	soit	75.94

Ce qui fait par turban :

	Roupies.	Fanons.	Caches.		Fr. c.
Prix coûtant de teinture	1	1	11	soit	3.80
Plus le tissu					7. »
					10.80
Bénéfice par turban					1.20
Prix de vente du turban en belle qualité					12. »

(1) *Natcheni* ou *Natchenny*, espèce de Millet, *millium* (genre de Graminées très-voisin des *Agrostis*).
(2) *Keverou*, graines du *Cynosurus coracanus*, de Linné (genre de Graminées).

§ XIII

Deuxième section.

Les procédés que nous venons de décrire sont d'une longueur désespérante pour nous Européens (leur durée est d'environ trois mois), et exigent cette patience à toute épreuve et cette opiniâtreté qui caractérisent le peuple indien. — L'on a même peine à concevoir qu'un ouvrage qui demande un travail si prodigieux, soit donné au prix auquel se vendent en Europe les étoffes peintes et teintes de l'Inde.

Mais quelle est l'origine de ces procédés pratiqués dans les Indes occidentales? Prirent-ils naissance dans cette partie de l'extrême Orient, ou viennent-ils de la Chine et des Indes orientales? Nous n'avons malheureusement aucun renseignement qui puisse nous permettre de résoudre d'une manière précise cette question historique (1).

D'autre part, comment ces procédés pénétrèrent-ils dans le Levant? Des Indes, gagnèrent-ils lentement le Levant de proche en proche, ou sont-ils, comme c'est probable, la conséquence naturelle des expéditions d'Alexandre dans les Indes, suivies des longues guerres des Perses et des Grecs, ce qui donnerait une origine très-éloignée aux établissements de la Macédoine et de la Thessalie?

Ou bien, s'il était démontré que l'introduction de ces procédés indiens n'a pas une origine aussi ancienne, ce passage aurait-il eu lieu avec le mahométisme, par l'Indoustan, le Béloutchistan, le golfe Persique et l'Arabie, en suivant l'introduction de la culture du cotonnier? Ou par le catholicisme et les missionnaires chrétiens, bien antérieurement aux correspondances citées précédemment?

Qu'on nous permette aussi d'indiquer deux autres éléments très-naturels d'introduction : les caravanes, autrefois seul mode de communication et d'échange de peuple à peuple d'un même continent, — surtout des peuples asiatiques; — les villes, où, de temps immémorial, se tiennent ou des pèlerinages, ou des foires, ou des marchés cosmopolites, lieux de réunion, à des époques fixes, de marchands de tous les points du globe, par exemple, pour le cas qui

---

(1) Rappelons que le *cotonnier* ou *arbre à coton (Gossypium)* paraît avoir été cultivé aux Indes Orientales de toute antiquité. Les Égyptiens, les Assyriens et les divers peuples qui avoisinaient la presqu'île indienne ne connaissaient pas encore le coton à l'époque d'Hérodote, c'est-à-dire au ve siècle avant notre ère. Cette manière textile ne commença même que cent cinquante à deux cents ans plus tard à pénétrer dans tous les pays situés à l'occident de l'Indus, ainsi que dans la vallée du Nil. Au ne siècle de notre ère, le cotonnier était l'objet d'une grande culture à l'entrée du golfe Persique, en Arabie et dans la Haute-Égypte. A cette époque éloignée, le commerce des cotonnades était entre les mains des Arabes, qui allaient les chercher à Barigatza, aujourd'hui Barotch, au nord de Bombay, et les apportaient au port d'Adulé, la moderne Ardiko, sur la mer Rouge. De cette dernière ville, ces tissus de coton, parmi lesquels il y en avait certainement de teints, se répandaient en Égypte, d'où ils pouvaient pénétrer en Grèce et en Italie. Au viue siècle, les Arabes introduisirent la fabrication de cotonnades dans l'Afrique du Nord et dans les provinces méridionales de l'Espagne, où les premières fabriques furent établies à Séville, à Cordoue et à Grenade. Ce fut au xive siècle que le travail du coton pénétra, par les Turcs, dans la Macédoine et l'Albanie, et, à la même époque, qu'il s'introduisit en Italie, où il se concentra à Venise et à Milan. Lors de la découverte du nouveau monde, les Espagnols trouvèrent les tissus de coton généralement employés à Cuba, au Mexique, au Pérou, au Brésil, où leur usage était immémorial. Il est aussi certain que les indigènes de l'Afrique centrale, de la Guinée et de la Sénégambie, fabriquaient les tissus de coton et même les teignaient bien avant 1590.

Rappelons enfin que plusieurs des tissus à base de coton portent des noms qui rappellent leur origine orientale. Ainsi la *mousseline* doit le sien à la ville de Mossoul, sur le Tigre, d'où le commerce européen l'a tirée pendant longtemps ; le *calicot*, au port de Calicut, sur la côte de Malabar, où les navires d'Europe allaient s'approvisionner après la découverte du cap de Bonne-Espérance ; le *madapolam*, à la ville de ce nom, près de Madras ; enfin la *perkale*, à un mot de la langue tamoule (idiome indien) qui veut dire *toile fine*. Quant au mot *coton* lui-même, il paraît n'être que le nom abrégé de la ville de Cottonava, une des places maritimes de la côte de Malabar avec lesquelles les Arabes du moyen-âge entretenaient des relations commerciales les plus actives. (W. Maigne.) — (Voir les notes 1 et 2 du début de ce Mémoire, janvier, p. 7.)

nous occupe, la Mecque, Jérusalem, Smyrne, Bagdad (1), Astrakhan (2), Tachhend (3), etc. (comme l'était autrefois la foire de Beaucaire, dans le midi de la France, et celle de Saint-Denis, près Paris ; comme l'est encore aujourd'hui la fameuse foire russe de Nijni-Novgorod, qui attire chaque année nombre de marchands de tous les points de l'Asie).

Enfin, faisons observer qu'il faut aussi tenir compte de l'histoire de la garance elle-même, de l'antiquité de sa culture, car elle était connue des Grecs et des Romains ; qu'elle était cultivée dans la Gaule méridionale, au temps de Strabon (4) ; qu'au viiie siècle, on en vendait à la foire de Saint-Denis, près Paris, où des teinturiers en laine existaient en grand nombre ; qu'au moyen âge, elle était cultivée dans la Basse-Normandie, surtout aux environs de Caen, et que, pendant cette période agitée, les *écarlates de Caen*, concurremment avec celles d'Ypres, c'est-à-dire des draps et des étoffes de laine teints en rouge par la garance, jouissaient d'une grande réputation, même à l'étranger, puisque ces écarlates étaient portées par les dames italiennes ; qu'en 1671-72, Colbert (5) rédigeait pour les teinturiers français des instructions sur la culture et l'emploi de la garance, dans le but patriotique de chercher à affranchir la France du tribut inopportun qu'elle payait à la Hollande ; que, après un siècle de distance, en 1750, un rouennais, Dambourney (6), entreprenait de réaliser le vœu de Colbert, et amenait l'État, en 1756, à rendre un arrêt par lequel la culture de la garance était officiellement protégée pendant vingt années ; qu'en 1762, Bertin, secrétaire d'État, animé des mêmes intentions que Colbert, faisait venir de Smyrne beaucoup de graines de garance, et, sans aucun doute, comme son illustre prédécesseur, se procurait dans le Levant des renseignements précieux sur la teinture des cotons ; qu'on n'oublie pas que l'Arménien Johann Althen, appelé en France par ce même Bertin (7), y vint en 1746 ou 1747, et que cet homme à qui le comtat d'Avignon doit sa prospérité, avait passé une partie de sa vie dans l'Anatolie (8), où la culture de la garance et son emploi dans la teinture du coton se faisaient pour ainsi dire sous ses yeux ; il semble même que, par reconnaissance, Althen dut donner des indications précieuses sur ce mode de teinture.

Dans un travail spécial (9) sur l'historique de la garance, nous avons développé avec détails l'histoire de cette plante si remarquable, et nous espérons que nos premières études histo-

---

(1) *Bagdad*, comme Smyrne, est un des plus vastes entrepôts des marchandises de l'Inde, de la Perse et de la Turquie.

(2) *Astrakhan*, Russie d'Europe ; au xve siècle, c'était une ville indépendante. — « C'est au printemps qu'il faut voir Astrakhan, lorsque viennent toutes les caravanes de l'Inde ou de la Chine..... » (*Le Tour du monde*, t. I, p. 114, Moynet.)

(3) *Tachhend*, ville de négoce de l'Asie centrale. — Nouvelle possession russe. C'est le point de croisement des principales routes de l'Asie centrale.

(4) *Strabon*, célèbre géographe grec, de l'antiquité, né à Amasca (ou Amasée), en Cappadoce (Anatolie), soixante ans avant Jésus-Christ. — Strabon parcourut la plus grande partie du monde pour s'instruire et cueillir des notions exactes sur les divers pays.

(5) *Colbert* (Jean-Baptiste), ministre et secrétaire d'État, contrôleur général des finances sous Louis XIV ; né à Reims en 1619, mort en 1683.

(6) *Dambourney*, né à Rouen le 10 mai 1722, était négociant ; mais son goût pour l'agriculture et l'industrie l'entraîna dans une série de travaux remarquables sur la chimie agricole. Mort le 2 juin 1795. (Consulter sa biographie par M. Girardin, *Revue de Rouen et de Normandie*, octobre 1837.)

(7) *Bertin* (Henri-Léonard-Jean-Baptiste), contrôleur général des finances. — Né en 1710 dans le Périgord, mort en 1792. — On lui doit une des plus importantes publications de l'époque, celle des *Mémoires* du Père Amyot sur les Chinois, et l'établissement de nombreuse Sociétés d'agriculture en France. — Il était membre honoraire de l'Académie des sciences.

(8) *Anatolie* ou, à tort, *Natolie* (d'un mot grec qui veut dire *Levant*). — Pachalik de la Turquie d'Asie, formée de la portion occidentale de l'ancienne Asie-Mineure. Trois de ses côtés sont maritimes, sa frontière seule est continentale. En turc : *Anadoli*).

(9) Publié par le journal l'*Invention*, août et septembre 1864, sous le titre de : *Histoire de la garance et de ses dérivés; partie historique* (extrait d'un ouvrage inédit sur la garance, sa culture, sa fabrication et ses produits).

riques, unies à celles qui font l'objet du présent Mémoire, jetteront quelques clartés sur les origines si obscures du rouge turc, et pourront être de quelque utilité à de plus heureux que nous, pour la recherche de la vérité.

Quoi qu'il en soit, par leur passage en Orient, les procédés indiens furent modifiés, la durée des opérations diminua beaucoup, sans pour cela atteindre à celle des opérations tinctoriales actuelles du rouge turc.

Examinons maintenant les procédés de teinture en rouge des Orientaux, d'après des relations exactes communiquées en France par des voyageurs qui ont vu pratiquer ces procédés dans les fabriques mêmes d'Orient.

§ XIV

PROCÉDÉS ORIENTAUX, OU GRECS, OU LEVANTINS

Manière employée dans l'Orient pour teindre le coton en rouge (extrait des derniers voyages du professeur russe Pallas).

Le professeur Pallas (1) a profité de son séjour à Astrakhan pour « prendre de nouvelles informations sur les procédés de teinture du beau rouge d'Andrinople. Un de ses amis, qui avait placé des fonds dans une fabrique de ce genre (2), lui a communiqué sur cet objet des détails les plus exacts. Je vais les rapporter pour servir de supplément à la description que cet auteur en a donnée dans le *Journal de Pétersbourg*, année 1776, la première qui ait paru sur les manipulations de cet art, jusqu'alors tenues secrètes. »

« On fait subir, le samedi, quelques préparations préliminaires au coton filé ; on le plonge alors, pour la première fois, dans de la *graisse de poisson*, que l'on fait mousser avec une dissolution de soude : on le laisse entassé dans ce bain, où il s'échauffe sensiblement jusqu'au lundi ; ce jour-là le coton est lavé, séché, replongé dans cette émulsion grasse, puis suspendu à l'air, si la pluie n'y met pas obstacle. La même opération est répétée le mardi pour la troisième fois ; les quatre jours suivants, on le lessive autant de fois dans une dissolution pure et simple de soude.

« On lui donne ensuite la première teinte de vert-olive avec des feuilles de *fustet* (3) (*Rhus cotinus*). On fait bouillir dans de grandes chaudières qui peuvent contenir de 40 à 45 *eimers* (4) d'eau, trois *pouds* (99 livres) de ces feuilles, pour teindre 10 *pouds* (330 livres) de coton, ce qui revient à 15 livres par *poud* de fil de coton. On passe la décoction par des tamis et puis on la remet dans les chaudières, après les avoir bien nettoyées ; on y fait dissoudre un *poud* (33 livres) d'*alun* : on plonge ensuite dans ce bain bouillant le coton placé par échevaux dans de petits pots ou des soucoupes ; on le suspend pour le faire sécher, on le relave, et puis on le fait ressécher ; le coton est alors suffisamment préparé pour la teinture en rouge.

« Pour préparer ce bain, on prend 1 *poud* (33 livres) de *racines de garance* moulues, par *poud* de coton, ou même un peu moins, quand elle est de la meilleure qualité ; on la pétrit dans un demi-*eimer* (7 pintes) de sang, avec lequel on la fait bien bouillir dans chaque chaudière ; on plonge alors le coton dans la couleur cuite, dont on entretient l'ébullition.

« Lorsque le coton est bien pénétré de parties colorantes, on le fait sécher ; on le met ensuite dans des pots remplis de lessive légèrement alcaline, sous laquelle il reste plongé, et

---

(1) *Pallas* (Pierre-Simon), célèbre voyageur et naturaliste allemand, né à Berlin en 1741, mort en 1811.

(2) Probablement en Arménie.

(3) *Feuilles de Fustet* (*Rhus cotinus*, Linnée ; famille des Térébenthacées, ou des Anacardiacées) ; appelé aussi *sumac de Venise*, *arbre à perruques*, *Fustet-jeune*, *Fustic*, *bois jaune de Hongrie* ou du *Tyrol*. — Les feuilles sont employées ici comme matière astringente, à l'instar des feuilles de sumac. — Le bois de Fustet est employé comme bois colorant jaune.

(4) 550 à 618 pintes. — Cette mesure doit plutôt s'écrire *Heemer* ou *Heimer*, de l'allemand *eimer* (seau de bois). Mesure de liquide en Allemagne, russifiée sous le nom d'*eimer*.

que l'on fait aussi légèrement bouillir; la liqueur qui s'échappe par une *rigole* est continuellement remplacée par une nouvelle dissolution de soude.

« On fait enfin dégorger et sécher le fil de coton, qui se trouve alors parfaitement teint. Cette série d'opérations dure communément vingt et un jours. On dit que les Turcs, pour donner au coton une couleur plus éclatante et plus de poids, finissent par le plonger de nouveau dans une émulsion d'huile, et le laissent sécher sous la presse; i's font d'ailleurs usage d'*huile d'olive*, au lieu de graisse de poisson. En général, toute huile ou graisse fluide, qui mousse parfaitement avec la dissolution de soude, est également propre à cette teinture.

« Le prix des matières de cette riche couleur varie suivant les frais de transport ou les circonstances. L'établissement et l'entretien d'une pareille fabrique exigent de gros capitaux. La garance, que l'on tire de la Perse ou des environs de Terck (1), et dont on choisit de préférence les petites racines, revient, moulue, de 11 à 12 *roubles* (55 à 60 francs) le *poud* (33 livres), suivant la qualité; on compte 1 *poud* de garance par *poud* de coton filé. Les feuilles de fustet, que l'on reçoit de *Kislar* (2), grossièrement broyées avec leurs tiges, dans des sacs de jonc, coûtent 80 à 100 *copecs* ou un *rouble* (5 francs) le *poud*. Le coton ne prendrait, dans un bain de garance, qu'une teinte rouge-pâle très-fugitive, si l'on n'avait pas le soin de le faire bouillir auparavant avec les feuilles de fustet, ou bien avec de la noix de galle, que l'on employait autrefois. Il faut 15 livres de fustet par *poud* de coton. On tire aussi de Kislar la bonne soude *Kalakar*, dont le prix varie de 30 à 100 *copecs* (1 fr. 50 à 5 francs) par *poud* la meilleure, sèche et dure comme de la pierre, ne coûte présentement que 30 *copecs* (1 fr. 50) ; le charbon se précipite lorsqu'on la fait dissoudre; on filtre et l'on décante, pour obtenir la dissolution parfaitement claire, puis on jette le résidu.

« Il entre communément 1 *poud* de soude dans une cuve de 40 *eimers* (550 pintes) d'eau.

« Le *poud* (3) de coton filé se paie 25 à 26 *roubles* (125 à 130 francs) au teinturier, qui doit remettre 5 ou 6 livres de plus par *poud*, pour compenser l'augmentation de poids que le coton acquiert en teinture.

« On consomme par *poud* de coton 4 livres d'alun, 15 livres de fustet, 58 livres de graisse de poisson, 1 *poud* de soude, et autant de garance.

« Deux chaudières, qui servent à faire bouillir sur le même fourneau les bains de fustet et de garance, peuvent suffire, avec quatre grands pots à soude, pour teindre dans une année

(1) *Terck*, probablement *Terek*. — Pallas veut sans doute parler du fleuve Terek qui arrose *Kisliar* avan de se jeter dan: la mer Caspienne, car ni les cartes ni les dictionnaires géographiques n'indiquent de localités portant les noms de Terck ou de Terek.

(2) *Kislar*, probablement *Kisliar*, ou *Kisliar*, ou *Kislair*, ville demi-russe, demi tartare de la Russie méridionale; gouvernement du Caucase, près de l'embouchure du Terek, fleuve de la Russie d'Europe, qui se jette par plusieurs bras dans la mer Caspienne. La culture, en général, est faite avec soin à Kisliar, par les Arméniens. — Faut-il en conclure que la garance fait partie de cette culture; ou bien Kisliar n'était-il pas, à l'époque des voyages de Pallas, un lieu d'entrepôt de cette racine, des feuilles de Fustet, de la soude, etc., où les teinturiers turcs s'approvisionnaient?

De nos jours les fabriques russes tirent leur garance commune de *Kislair* et de *Jeksaiesk*.

Ou bien Pallas a-t-il voulu parler :

D'*Ak-Hissar*, ville de la Turquie d'Asie, Sandjak de Saroukhan, sur le Kodos, à 100 kilomètres nord-est de Smyrne? Les étoffes de coton de cette ville sont encore très-renommées.

Ou d'*Ak-Hissar*, ville de la Turquie d'Europe, dans la Haute-Albanie, chef-lieu du Sandjak du même nom ; fertile?

Ou d'*Ak-Kissar*, village de la Turquie d'Asie, Sandjak d'Hamid, dans l'Anatolie, à 80 kilomètres nord-ouest de Smyrne ; coton, tisserands et teinturiers ?

Ou plutôt de *Kara-Hissar*, ou *Asioum*, ville importante de l'Anatolie, presque au centre de l'Asie mineure. Traversée par la route qui conduit de Smyrne en Arménie, en Géorgie, en Perse, et à tous les pays voisins de l'Euphrate. Les caravanes venant de Constantinople s'y donnent rendez-vous. La plupart des produits exportés des manufactures européennes et coloniales s'accumulent dans son enceinte avant d'aller se répandre à l'est et au midi de l'Asie?

(3) *Poud*, poids russe qui équivaut à peu près à 20 kilogrammes.

500 *pouds* (16,500 livres) de coton, quoi qu'on soit obligé de suspendre les travaux en hiver et dans les temps pluvieux.

§ XV

On trouve encore dans Pallas (*Journal de Pétersbourg*, année 1776) les procédés ci-dessous suivis par les Arméniens pour teindre en rouge turc.

« Les Arméniens teignent en rouge turc en faisant usage d'huile de certains poissons, qu'ils regardent comme préférable à toute autre dans cette opération, en raison de la propriété qu'elle possède de devenir laiteuse dès qu'on y mêle une solution alcaline. Après plusieurs immersions dans le bain huileux et des dessiccations répétées, on passe l'étoffe dans un bain astringent, auquel on ajoute un peu d'alun ; puis on la teint dans un bain de garance, auquel on ajoute du sang de veau ; on la fait enfin digérer pendant vingt-quatre heures environ dans une solution de soude.

§ XVI

La communication suivante, traduite du turc par Van Straalen, donne des indications détaillées sur les *procédés de teinture des Orientaux.*

« 1° Pour teindre 35 *okes* (1) de coton filé (environ 50 kilogrammes), on prend **20** *okes* de *cendres* et **8** *okes* de *chaux vive* ; on met ces deux substances dans un grand chaudron, avec de l'eau douce, et on fait bouillir jusqu'à ce qu'elles soient bien mêlées ; ensuite on prend de petites jarres de terre vernissée, dans lesquelles on range les 35 *okes* de coton par lits, et sur chaque lit, qu'on couvre d'une toile, on jette de cette eau de cendres, l'eau surnage le coton qu'on laisse tremper ainsi pendant trois ou quatre heures.

« 2° On emploie un grand fourneau, dont le dessous est une chaudière, et le dessus un chapeau de jarre de terre vernissée. On tire le coton de sa première immersion, et on le jette tout mouillé, sans l'exprimer, dans ce fourneau, en y ajoutant environ 30 pintes d'eau, et on le fait bouillir pendant cinq à six heures, après quoi on le porte à la rivière et on l'y lave bien ; ensuite on le passe dans des barreaux de bois en forme de chapelet, pour le faire sécher au soleil.

« 3° Le coton étant sec, on prend 4 *okes* de *fiente de mouton* et 4 *okes* d'*huile d'olives* ; on jette ces matières dans une marmitte, on les broie bien ensemble, ensuite on y met l'eau nécessaire, et remuant bien le tout, on met le coton dans une jarre, où l'on verse cette préparation. Le coton étant bien trempé, on en exprime l'eau et on le fait sécher au soleil. Il faut conserver dans la jarre toute l'eau qui peut être restée.

« 4° Le coton étant sec après cette opération, on la recommence une deuxième fois dans la même eau et de la même manière, et une troisième, jusqu'à ce qu'il ait absorbé toute cette eau. Après chaque opération, le coton est séché au soleil.

« 5° Après cela, on prend 5 *okes* d'une sorte de soude appelée en turc *caja-tachi* qu'on met dans une jarre de terre vernissée, qui doit être enfoncée à moitié dans le sol (on doit avoir encore trois jarres dans la même disposition). On ajoute 4 *okes* d'huile d'olive, et, le tout étant bien mêlé, on y met l'eau nécessaire, et l'on remue avec une spatule de bois. Le coton étant dans des demi-jarres, on verse cette eau sur chaque lit de coton, afin qu'il s'imbibe mieux. Ayant donc jeté toute cette eau dans une demi-jarre contenant le coton, on l'y trempe de la même manière qui a été décrite aux articles 3 et 4 ; après que le coton s'est imbibé de

---

(1) L'*oke* vaut 50 onces. — L'oke (s. f.). — Poids des Iles Ioniennes valant 1ᵏ.224545. On distingue plusieurs espèces d'okes : celle de l'Empire ottoman, poids pour le détail, 1ᵏ.288098. — *Oke d'Égypte*, 1ᵏ.197311. — *Oke de Dalmatie*, 1ᵏ.339315. — *Oke de Hongrie*, 1ᵏ.275657.

toute cette eau, et qu'on l'a fait sécher au soleil, on le porte à la rivière, où on le lave ; après quoi, on la fait sécher de nouveau.

« 6° Lorsque la *caja-tachi* est mêlée avec l'huile, l'eau doit devenir blanche, ce qui annonce que le mélange est parfait. Le coton étant sec, on prend 4 okes de *noix de galle*, que l'on concasse et qu'on met dans une chaudière avec une quantité suffisante d'eau, et on fait bouillir le tout pendant quatre à cinq heures, ensuite on étend le coton dans une ou deux demi-jarres, et l'on y jette cette eau toute bouillante ; on laisse tremper tout un jour, ensuite on lave le coton à la rivière, après quoi on l'étend au soleil pour le faire sécher.

« 7° On met dans une chaudière 4 okes *d'alun de roche* avec l'eau nécessaire et on l'y fait bouillir pendant cinq heures ; après quoi on jette cette eau toute bouillante sur le coton, qui doit être dans une ou deux demi-jarres, et on le laisse tremper du soir au matin ; le lendemain on le lave de nouveau à la rivière, et on le fait sécher ; puis on met 40 okes de *racines d'alizari*, qui a été moulue, mêlée avec 15 okes de *sang de mouton* et l'eau nécessaire.

« Ensuite on met dans chacune des marmites 17 okes ½ de coton et on le fait bouillir pendant cinq à six heures ; les marmites sont toujours fermées avec un couvercle en bois fait exprès, et on ne les découvre que pour en tirer de temps en temps quelques écheveaux de coton, afin d'observer s'il a pris la teinture, ce qu'on ne saurait connaître sans éprouver avec de la salive quelques fils de ces écheveaux. Tant que la teinture n'est point parfaite, il faut entretenir le feu et avoir bien soin que l'eau ne manque pas dans les marmites.

« 8° La teinture étant à point, on retire du feu les marmites, et on laisse le coton tremper usqu'à ce qu'il soit refroidi ; ensuite on le porte à la rivière, et c'est alors qu'il convient de le mieux laver que jamais. Pendant que les uns sont à laver le coton, les autres préparent dans le fourneau dont il est question à l'article 2, une eau saumâtre avec la *caja-tachi*, et le coton étant rapporté de la rivière, bien lavé et sans être séché, ni même exprimé, on le jette dans ce fourneau et on l'y fait bouillir pendant sept à huit heures, après quoi on le retire, et on va le laver et le faire sécher pour la dernière fois.

« La teinture ainsi faite ne peut être endommagée par le suc de limon (jus de citron), ni par aucun autre acide. »

§ XVII

PROCÉDÉS EMPLOYÉS EN GRÈCE (D'APRÈS LE VOYAGEUR FÉLIX.)

En 1798, Chaptal, D'Arcet et Desmarets, le 16 thermidor an VII, firent un rapport (1) sur un *Mémoire du citoyen Félix*, faisant connaître les procédés employés en Grèce, pour teindre le coton en rouge des Indes.

Voici, *in-extenso*, le Mémoire du voyageur Félix.

« On pratique d'abord le décreusage du coton par le moyen de trois lessives : une de soude, l'autre de cendres et la troisième de chaux. On jette le coton dans un cuvier et on l'arrose avec les eaux des trois lessives, par proportions égales ; puis on fait bouillir le coton dans l'eau pure, et on le lave dans l'eau courante.

« Le second bain qu'on donne au coton se compose de soude, de *crottin de brebis*, le tout délayé dans de l'eau. Pour faciliter le délaiement, on broie la soude et le crottin à l'aide d'un pilon. Les proportions que l'on suit, dans le mélange des ingrédients, sont de 1 *oque* (2)

---

(1) *Annales de Chimie*, 1ʳᵉ série, t. XXXI, p. 195 et 214. — Voir plus loin la notice sur Chaptal. D'Arcet (Jean-Pierre-Joseph), petit-fils de Rouelle ; né à Paris le 31 août 1777, mort à Paris le 1ᵉʳ août 1845. Membre de l'Institut, comme son père ; élève de son père et de Vauquelin.

Desmarets (Nicolas), né à Soulaine (Aube) en 1725, mort en 1815. Membre de l'Académie des sciences ; inspecteur général et directeur des manufactures de France. Parent de Nicolas Desmarets, neveu de Colbert et ministre d'État sous Louis XIV.

(2) C'est *oke* et non *oque*. (Voir la note précédente.)

de crottin, de 6 *oques* de soude et de 40 *oques* d'eau. Quand le mélange est opéré, on passe à travers un tamis la liqueur qui en est exprimée; et, la versant dans un cuvier, on y verse aussi 6 *oques* d'huile d'olives, qu'on a soin de remuer jusqu'à ce que le tout soit devenu blanchâtre comme du lait. On arrose ensuite le coton avec cette eau, et quand les écheveaux en sont bien imbibés, on les tord, on les presse et on les fait sécher. Il faut réitérer trois et jusqu'à quatre fois le même bain, parce que c'est ce bain qui doit donner au coton l'homogénéité plus ou moins grande à la teinture. Chacun de ces bains se donne avec la même eau, et doit durer cinq à six heures. Il faut observer qu'on fait toujours sécher, au sortir du bain, le coton tel qu'il est, sans le laver; on ne doit le rincer qu'au dernier lavage. Le coton est alors aussi blanc que s'il avait été mis sur le pré.

« Le bain de crottin n'est point pratiqué dans nos teintureries. C'est une pratique particulière au Levant. On peut croire que le crottin n'est d'aucune utilité pour la fixité des couleurs. Mais on sait que cette sorte d'excrément contient une grande quantité d'alcali volatil tout développé, qui a la propriété de *roser* le rouge. Il est donc probable que c'est à cet ingrédient que les rouges du Levant doivent leur vivacité et leur éclat. Ce qu'il y a de certain, c'est qu'on apprête les maroquins du Levant avec de la fiente de chien, parce qu'on a trouvé cette fiente propre à exalter la teinture de la laque.

Le bain de crottin est suivi de l'*engallage*.

« L'engallage se donne en plongeant le coton dans un bain tiède où l'on fait bouillir 5 *oques* de noix de Galle pulvérisée. Cette opération rend le coton plus propre à se saturer de couleurs, et donne à la teinture plus de corps et de solidité.

« Après l'engallage vient l'*alunage*, qui se répète deux fois à un intervalle de deux jours, et qui consiste à faire tremper le coton dans un bain d'eau où l'on a infusé 5 *oques* d'alun et 5 *oques* d'eau alcalisée par une lessive de soude. L'alunage doit se donner avec soin, parce que c'est cette opération qui combine le mieux avec le coton les parties colorantes, et qui les soustrait en partie à l'action destructive de l'air. Quand le deuxième alunage est terminé, on tord le coton, on l'exprime, et on le met dégorger dans un courant d'eau, après l'avoir renfermé dans un sac de toile claire.

« On procède ensuite à la teinture. Pour composer les couleurs, on met dans une chaudière 100 *oques* d'eau et 35 *oques* d'*alizari* (1) pulvérisé et 1 *oque* de *sang de bœuf* ou de *brebis*. Le sang renforce la couleur; et, selon la nuance qu'on veut donner à la teinture, on en met une plus ou moins forte dose. On entretient sous la chaudière un feu bien nourri, mais point trop ardent; et, quand la liqueur fermente et commence à s'échauffer, on plonge les écheveaux peu à peu, pour que le feu ne les surprenne point. On les lie ensuite, avec des cordes, à des lisoirs, ou petites baguettes croisées à ce dessein sur la chaudière; et quand la liqueur bout bien et uniformément, on enlève les baguettes qui tenaient les écheveaux suspendus perpendiculairement, et on les laisse tomber dans la chaudière, où ils doivent rester jusqu'à ce que les deux tiers de l'eau soient consumés. Quand il ne reste plus qu'un tiers d'eau, on ôte le coton, et on le lave dans l'eau pure.

« On perfectionne ensuite la teinture par un bain d'eau alcalisée par la soude. Cette dernière manipulation est la plus difficile et la plus délicate, parce que c'est elle qui donne le ton à la couleur. On jette le coton dans ce nouveau bain, et on l'y fait bouillir à un feu continuel, jusqu'à ce que la couleur devienne telle qu'on la désire. Tout l'art consiste à saisir le *juste point*. Aussi l'ouvrier soigneux guette-t-il, avec une attention scrupuleuse, l'instant où il faut ôter le coton du feu, et il aime mieux brûler sa main que de manquer cet instant.

« Quand la couleur est trop faible, les Levantins savent la renforcer en augmentant la dose

---

(1) L'*alisari* (grec ancien : *Erythrodanon*, qui donne le rouge ; grec moderne : *Lisari*, ou plutôt *Lizari*, par corruption de l'ancien mot *risa*, qui signifie *racine*. — A Smyrne : *Ilasala* et *Alisari*. — En Turquie : les Turcs appellent la garance *boïa*, mot qui, d'une manière générale, signifie *teinture*, et, lorsqu'il y a équivoque, ils disent *hermisi-boïa*, c'est-à-dire *teinte rouge*. — Les habitants de l'île de Chypre ont adopté le mot *boïa* de la langue turque). A l'époque où le « citoyen » Félix visitait la Grèce, l'alizari se recueillait dans l'*Anadoulie* (probablement l'*Anatolie*), et venait de Smyrne. — Il en venait aussi de Chypre et de la Mésopotamie. (Voir notre *Historique de la garance*, publié par l'*Invention* en 1864.)

des colorants, et, quand ils veulent l'éclaircir et l'embellir, ils se servent de diverses racines du pays, et entre autres d'une racine nommée *sassari* (1).

§ XVIII

Terminons par le résumé des opérations du procédé employé en Thessalie pour teindre en rouge d'Andrinople.

Bain alcalin huileux; bain de fumier de mouton; tordage; séchage (ces quatre opérations sont répétées quatre fois de suite); engallage; deux aluuages; teinture dans un bain de garance, auquel on a ajouté du sang; avivage dans un bain alcalin.

DEUXIÈME PARTIE

Première section.

PROCÉDÉS FRANÇAIS PRIMITIFS

Nous examinerons, dans cette deuxième partie de notre Mémoire, les divers *procédés français* de teinture en rouge d'Andrinople, depuis les plus anciens jusqu'à ceux employés de nos jours.

Aussi loin que, chronologiquement parlant, on peut remonter, c'est à Darnetal, près Rouen, et à Aubenas, en Languedoc, que, pour la première fois en France, en 1747, on fit industriellement de la teinture en rouge d'Andrinople (MM. Fesquet, Gondard et Dharistoi, sans doute). Ce n'est que neuf mois plus tard, en 1748, que les mêmes procédés, avec de légères modifications, furent appliqués par Flachat, à Saint-Chamond, près Lyon.

§ XIX

PROCÉDÉ DE FLACHAT, A SAINT-CHAMOND (1748) (2).

Voici la description de ce premier procédé français, exécuté d'après les instructions communiquées par un « particulier », qui avait vu préparer cette teinture en Turquie.

« Si l'on a 100 livres de coton à teindre, on met dans un cuvier 150 livres de soude d'Alicante enfermées dans une toile assez claire. Ce cuvier doit être percé d'un trou dans sa partie inférieure, afin que l'eau puisse en couler dans un autre cuvier placé au-dessous, etc. (suit la description de l'opération pratiquée pour épuiser la soude par lavages successifs). Cette lessivation exige 600 pintes d'eau.

On fait ensuite deux autres lessives semblables, chacune avec la même quantité d'eau

---

(1) *Sassari* (?).

(2) Faisons remarquer la coïncidence de cette date avec la venue en France de l'Arménien Johann Althen que Bertin, secrétaire d'État, fit venir en 1746 ou 1747. — Le « particulier » dont parle Flachat, n'est-il pas Althen ? — Un fait bien certain, c'est que Flachat reçut Althen auprès de lui et utilisa ses talents, ce qui est attesté p. 35 du *Traité sur la garance*, que cet industriel qui s'intitulait : « Directeur des Établissements levantins et de la manufacture royale de Saint-Chamond, en Lyonnais », publia en 1772. « La garance, dit-il, réussit très-bien en France, il n'y a plus de doute à cet égard; je n'en citerai qu'un seul cultivateur : c'est Jean Althen, Levantin de nation, qui, *en sortant de ma fabrique*, s'est retiré à Avignon, auprès de M. de Caumont. »

Flachat (Jean-Claude), industriel et voyageur français, né à Saint-Chamond, près de Lyon, en 1775. — Il a séjourné, en effet, quinze ans à Constantinople, où il devint « chef des marchands. » Il étudia l'industrie et les arts de cette ville, et revint en France appliquer à l'usine de Saint-Chamond, qui appartenait à son frère, les procédés qu'il avait vu pratiquer dans le Levant. — En récompense de ses services, Louis XV érigea la fabrique des frères Flachat en « manufacture royale ».

(600 pintes) : savoir, d'un côté avec 150 livres de cendres de bois neuf, et de l'autre avec 75 livres de chaux vive.

Ces trois eaux de lessive étant clarifiées, on place dans un cuvier les 100 livres de coton et on les arrose avec les trois lessives par proportions égales. Lorsqu'il est bien imbibé de ces sels, on le met dans une chaudière pleine d'eau sans l'avoir exprimé des lessives, on le fait bouillir pendant trois heures, après quoi on le lave en eau courante. Cette opération s'appelle le *décruement* : lorsqu'elle est faite, on fait sécher le coton à l'air.

« On verse ensuite dans un cuvier une quantité des trois lessives ci-dessus mentionnées par portions égales, de manière que le tout forme environ 400 pintes. On délaie bien avec une partie de cette lessive 25 livres de crottins de mouton, et *de la liqueur des intestins* (1), à l'aide d'un pilon de bois, et l'on passe le tout par un tamis de crin. Quand le mélange est bien fait, on y verse 12 livres ¹/₂ de bonne huile d'olive, qui forme dans l'instant une liqueur savonneuse. On passe le coton dans ce bain mattau par mattau, en le remuant à chaque fois. On laisse le coton pendant douze heures dans l'eau savonneuse, au bout desquelles on le retire ; on le tord légèrement, et on le fait sécher ; on réitère cette opération jusqu'à trois fois. La liqueur qui coule du coton lorsqu'on le tord retombe dans la barque où les mattaux étaient couchés, et se nomme *sickiou*; il faut la conserver, parce qu'elle sert ensuite à l'avivage.

Lorsque le coton a passé trois fois dans cette première eau savonneuse, et qu'il est bien sec, on le passe trois autres fois dans une autre composition faite comme la première avec 400 pintes de lessive et 12 livres ¹/₂ d'huile, mais on n'ajoute pas à cette dernière de fiente de mouton : on réserve pareillement le restant de cette liqueur pour l'avivage. Lorsque le coton y a passé trois fois avec les mêmes précautions, et y a séjourné le même temps qu'on a dit ci-dessus, on le lave à la rivière avec soin, pour le débarrasser de toute huile, sans quoi l'engallage ne pourrait y mordre. Le coton, après ce lavage, doit être aussi blanc que s'il avait été mis sur le pré.

Lorsqu'il est sec, on procède à l'engallage, et ensuite à deux alunages successifs. La noix de galle s'emploie pulvérisée à raison de 1 quarteron par livre de coton; on met 6 onces d'alun par chaque livre de matière pour le premier alunage, et 4 onces pour le second ; enfin on ajoute à l'eau d'alun un poids de lessive égal à celui de ce sel. Il faut observer qu'il est utile de mettre trois ou quatre jours d'intervalle entre chaque alunage. Quelques jours après le dernier alunage, on procède à la teinture. On emploie 2 livres de lizary en poudre par chaque livre de coton, et avant d'y mettre cette teinture, on verse dans le bain environ 20 livres de sang de mouton liquide : on bat bien le coton dans ce bain, qu'on a soin d'écumer.

Pour aviver la couleur, on le passe dans une lessive de cendres de bois neuf où l'on a fait dissoudre 5 livres de savon blanc de Marseille : on fait tiédir la lessive avant d'y mettre le savon.

On trempe les 100 livres de coton teint dans ce mélange, et on l'y pétrit jusqu'à ce qu'il en soit bien pénétré.

On met dans une autre chaudière 600 pintes d'eau; lorsqu'elle est tiède, on y plonge le coton sans l'exprimer du mélange ci-dessus.

On l'y fait bouillir trois, quatre, cinq ou six heures, à très-petit feu, le plus égal qu'il est possible, ayant soin de couvrir le bain, afin d'étouffer la vapeur de l'eau, qu'on ne laisse échapper que par un tuyau de roseau de 5 à 6 lignes de diamètre intérieur. On tire de temps en temps quelques loquettes de ce coton, pour voir s'il est suffisamment avivé : lorsqu'on le juge tel, on le retire, on le lave à fond, et le rouge est parfait.

On peut encore aviver le coton de la manière qui suit : lorsqu'il a séché, après le lavage qui a suivi la teinture, on le fait tremper pendant une heure dans le *sickiou* (2), et après

---

(1) Bile ou fiel.

(2) *Sickiou.* Qu'on remarque bien que cette expression est indienne. — En malabare, *Nelley-Sickiou* signifie mot à mot *huile-lessive* ; c'est le résidu des dégraissages et des jarres dans lesquelles on empile le

l'avoir bien exprimé, on le fait encore sécher. Lorsqu'il est sec, on fait fondre (pour les 100 livres de coton) 5 livres de savon dans une quantité d'eau suffisante pour couvrir tout le coton. Quand cette eau de savon est tiède, on y met le coton, et, lorsqu'il est bien imbibé, on le met dans une chaudière où l'on a mis 600 pintes d'eau. On fait bouillir le tout à très-petit bouillon pendant quatre ou cinq heures, en tenant la chaudière couverte, pour étouffer les vapeurs aqueuses. Cette seconde méthode rend le rouge beaucoup plus vif encore que le plus bel incarnat d'Andrinople. »

§ XX

A la suite de ce procédé, qui conserve encore un peu du cachet grec, nous décrirons d'abord le procédé que le Rouennais Papillon appliqua en 1790 en Angleterre et qui fut rendu public après quelques années d'exploitation secrète. Voici ce procédé tel que le docteur Andrew Ure le fit connaître ans son *Dictionnaire de chimie* (1).

PROCÉDÉ DE PAPILLON (1790)

« *Première opération.* — Pour 100 livres de coton, il faut avoir 100 livres de soude d'Alicante, 20 livres de perlasse, 100 livres de chaux vive (2).

« On mêle la soude avec de l'eau douce dans un cuvier profond, percé à sa partie inférieure d'un petit trou, bouché d'abord avec une cheville. Ce trou est couvert intérieurement au moyen d'une toile soutenue par deux briques, afin d'empêcher que les cendres ne s'étendent au delà, on ne s'arrête lorsque la lessive filtre à travers. Au-dessous de ce cuvier, on en place un autre pour recevoir la lessive, et l'on fait passer à plusieurs reprises l'eau pure à travers le premier cuvier pour avoir des lessives de différente force, que l'on met à part jusqu'à ce que l'on en constate le degré. Celui de la plus grande force qu'il puisse être nécessaire d'obtenir est indiqué au moyen d'un œuf pouvant flotter sur le liquide, qu'on désigne alors par lessive de *six degrés de l'hydromètre français*. Les lessives plus faibles sont ensuite amenées à ce degré de force en y faisant passer de nouveau de la soude ; mais on met en réserve une certaine quantité de liqueur faible marquant 2 degrés à l'hydromètre ci-dessus, pour dissoudre l'huile, la gomme et le sel dont on aura à faire ultérieurement usage. Cette lessive de 2 degrés s'appelle la *liqueur de soude faible* ; l'autre est la *liqueur de soude forte*.

« On fait dissoudre la perlasse dans dix seaux d'eau pure de 4 *gallons* (15 litres) chacun, et la chaux dans 14 seaux ou 56 *gallons* (53 litres).

« Après avoir laissé reposer toutes ces liqueurs, jusqu'à ce qu'elles soient devenues claires, on en mêle 10 seaux (150 litres) de chacune.

« On fait bouillir le coton pendant cinq heures dans ce mélange; on le lave ensuite dans de l'eau courante, et on le fait sécher.

« *Deuxième opération*, ou *bain gris*, ou *bain bis* (3). — On prend une quantité suffisante (10 seaux, soit 130 à 150 litres) de l'eau de soude forte, et on la mêle dans un cuvier avec 2 seaux pleins (12 à 15 litres chaque) de crottin de mouton; on verse alors dans ce mélange ³/₄ (environ 2 litres) d'acide sulfurique, 1 livre (49 décagrammes) de gomme arabique, et 1 livre (49 déca-

---

coton apprêté. — Ce mot *sickiou* est en usage depuis longtemps (pas avant 1746-1747 cependant), à peu près dans le même sens, dans les ateliers de teinture en rouge turc ; on en a même fait un verbe : *sickiouter*.

(1) *Dictionnaire de chimie*, par Andrew Ure, traduit de l'anglais sur l'édition de 1821, par J. Riffault. — Paris, Leblanc, imprimeur-libraire, 1823. — Riffault des Hêtres (Jean-René-Denis), chimiste français, né à Saumur en 1752, mort à Paris en 1826.

(2) Autrement dit, pour 49 kilogrammes de coton, on prend 49 kilogrammes de soude d'Alicante, 979 décagrammes de potasse et 49 kilogrammes de chaux vive.

(3) *Bain bis.* — On le qualifie ainsi parce qu'il communique au coton une teinte bise due à la fiente employée, et non pas parce qu'on le donne deux fois. — Par la même raison, comme on le verra, il y a le bain blanc et le bain jaune.

grammes) de sel ammoniac, ces deux substances dissoutes dans une suffisante quantité d'eau de soude faible, et enfin 25 livres (12 kilogrammes) d'huile d'olive dissoute ou bien mêlée dans 2 seaux (25 à 26 litres) de liqueur de soude faible.

« Les matériaux de ce bain étant bien mêlés, on y met, en le foulant, le coton, jusqu'à ce qu'il soit bien trempé; on l'y tient ainsi pendant vingt-quatre heures, après quoi on le tord, puis on le fait sécher.

« Le coton, après avoir été ainsi trois fois successivement trempé, pendant vingt-quatre heures, tordu et séché, est à la fin bien lavé et séché.

« *Troisième opération, trempe* ou *bain blanc*. — Cette partie du procédé est exactement la même que dans l'opération précédente, si ce n'est qu'il n'entre pas de crottin de mouton dans la composition de la trempe.

Quatrième opération. Bain de noix de galle, ou *engallage*. — On fait bouillir 25 livres (12 kilogrammes) de noix de galle concassées dans 10 seaux (150 litres) d'eau de rivière, jusqu'à diminution par ébullition du quart, du cinquième, ou de la moitié de cette quantité d'eau. On filtre la liqueur dans un cuvier, et l'on verse de l'eau froide sur les noix de galle restées sur le filtre, pour leur enlever par le lavage toute leur teinture.

« Dès que la liqueur est portée à une douce chaleur, on y plonge le coton, poignée à poignée, en le maniant avec soin pendant tout le temps, et on l'y laisse ainsi tremper pendant vingt-quatre heures. On le tord alors complétement et également, après quoi on le fait sécher sans le laver.

« *Cinquième opération : Premier bain d'alun*. — On fait dissoudre 25 livres (12 kilogrammes) d'alun de Rome dans 14 seaux (210 à 215 litres) d'eau chaude, mais sans les porter jusqu'à l'ébullition. Après avoir bien écumé la liqueur, on y ajoute 2 seaux (25 à 30 litres) d'eau de soude forte, puis on abandonne le mélange jusqu'à ce qu'il ne soit plus que tiède. On y plonge alors le coton, en le maniant poignée par poignée, et on le laisse pendant vingt-quatre heures dans le bain. On le tord ensuite également et on le fait bien sécher sans le laver.

« *Sixième opération : Second bain d'alun*. — Cette opération est en tous points semblable à celle précédente; mais le coton étant sec, on le fait tremper pendant six heures à la rivière; on le lave ensuite et on le fait sécher.

« *Septième opération : Bain de teinture*. — Le coton ne se teint que par 10 livres (5 kilogrammes) à la fois. Pour cela, on fait le mélange dans une chaudière de cuivre de 28 seaux (420 à 425 litres) d'eau, à une douce chaleur, avec environ 2 gallons ¼ (environ 9 litres) de sang de bœuf; après avoir bien remué ce mélange, on y ajoute 25 livres (12 kilogrammes) de garance, puis enfin on remue bien le tout ensemble.

« On plonge alors dans la liqueur le coton que l'on a étendu d'avance sur des bâtons, on l'y remue en le retournant continuellement pendant une heure, et en augmentant par degrés la chaleur, jusqu'à ce qu'au bout de ce temps la liqueur commence à bouillir. On retire alors le coton de dessus les bâtons, et on le fait bouillir une heure de plus; enfin, on le lave et on le fait sécher.

« On prend ensuite assez de la liqueur bouillante qui reste pour porter à une douce chaleur, avec de l'eau fraîche, la liqueur dont on charge de nouveau la chaudière, et qui sert à préparer de la même manière que ci-devant une liqueur de teinture pour la nouvelle quantité suivante de 10 livres (5 kilogrammes) de coton.

« *Huitième opération : Bain pour fixer*. — Après avoir mêlé ensemble parties égales des bains gris et blanc ci-dessus, en quantité de 5 à 6 seaux (75 à 90 litres) de chacun, on enfonce le coton dans ce mélange, et on l'y laisse tremper pendant six heures. On le tord alors modérément et également, et on le fait sécher sans le laver.

Neuvième opération : Bain d'avivage. — Après avoir fait dissoudre avec soin et complétement 10 livres (5 kilogrammes) de savon blanc dans 80 ou 80 livres (39 à 40 kilogrammes) d'eau, en observant qu'il ne reste aucun petit morceau du savon non dissous, ce qui occasionnerait des taches sur le coton, on ajoute 4 seaux (55 à 60 litres) d'eau de soude forte et l'on remue bien. On enfonce le coton dans cette liqueur, on l'y maintient au moyen de bâtons assujettis dessus et on le couvre. Après l'avoir fait bouillir doucement pendant deux heures on le lave, puis on le fait sécher, et tout le procédé de teinture du coton est terminé. »

Nous donnerons maintenant les descriptions, toutes françaises, d'abord d'un procédé indiqué par J.-M. Hausmann (1). en 1792, et décrit dans un Mémoire adressé par lui au ministre de l'intérieur (alors Chaptal), en l'an X, Mémoire intitulé : « *Observations sur la garance, suivies d'un procédé simple et constant pour obtenir, de la plus grande beauté et de la plus grande solidité, la couleur connue sous la dénomination de rouge du Levant ou d'Andrinople.* » (Tome VIII des *Annales* d'Oreilly), puis ceux indiqués en 1796 par Vogler, en 1803 par Gmelin, et vers 1807 par Chaptal ; ces chimistes. Hausmann et Chaptal surtout, ont été ceux qui, à la fin du siècle dernier, se sont, sans contredit, le plus occupés des procédés de teinture en rouge d'Andrinople.

§ XXI

PROCÉDÉ DE J.-M. HAUSMANN (1792)

« Ce procédé consiste à faire dissoudre de l'alumine dans la potasse caustique. A cet effet, on traite 1 pinte d'alun par 2 pintes d'eau chaude, et pendant que la liqueur est en ébullition on y introduit assez de lessive caustique concentrée pour précipiter et redissoudre l'alumine de l'alun.

« Par le refroidissement et le repos, le sulfate de potasse se dépose en grande partie, et une fois la décantation opérée on ajoute peu à peu à 33 pintes de cette dissolution d'*aluminate de potasse* 1 pinte d'*huile de lin*, à l'effet d'obtenir une émulsion dont on imprègne les toiles destinées à ce genre de teinture.

« Le coton ainsi préparé est séché à l'abri de la pluie en été, et dans une chambre chaude en hiver ; après vingt-quatre heures, on rince et l'on dessèche, puis on trempe de nouveau dans l'émulsion alcaline, pour dessécher ensuite promptement à l'air, et ainsi de suite, jusqu'à ce que le tissu ait reçu le nombre d'émulsions nécessaires. »

M. J.-M. Hausmann ajoute :

« Deux imprégnations de la dissolution alcaline mêlée d'huile de lin suffisent pour obtenir un beau rouge ; mais en continuant d'imprégner les écheveaux une deuxième, une troisième et même une quatrième fois, avec les mêmes circonstances que les premiers, on obtiendra des couleurs extrêmement brillantes.

« Par ces opérations, on huile et mordance simultanément les cotons, et on n'a plus qu'à procéder à la teinture, qui se fait ici avec addition d'une petite quantité de craie égale au $^1/_8$ du poids de la garance et 30 à 40 fois ce poids d'eau.

« La teinture s'opère d'une manière particulière, comparée du moins à celle suivie régulièrement. On porte peu à peu, et dans l'espace d'une heure, le bain de garance à une température telle qu'on puisse y plonger et maintenir la main sans se brûler, puis on y fait

(1) Jean-Michel Hausmann, né à Colmar en 1749, était fils d'un pharmacien ; il fit ses études à Paris dans l'intention de succéder à son père, mais abandonnant plus tard cette pensée, il résolut d'appliquer à la teinture les connaissances chimiques qu'il avait acquises. D'abord établi à Rouen, puis au Logelbach, près de Colmar, il ne tarda pas à devenir le meilleur teinturier de France. L'un des premiers, il adopta le blanchiment par le chlore, régularisa le garançage et une foule d'autres opérations, perfectionna la fabrication du rouge des Indes, et ouvrit à l'art de l'impression des voies nouvelles en inventant plusieurs mordants, créant le genre rongeant par l'acide oxalique, fixant le bleu de Prusse sur les tissus, etc. Les Mémoires qu'il publia dans le *Journal de physique* et les *Annales de chimie* ont contribué puissamment au rapide essor des arts chimiques de la teinture, et le placent honorablement à la tête de ces nombreux chimistes manufacturiers qui font la gloire et la fortune de l'Alsace. — Hausmann est mort en 1824. (*Leçons de chimie élémentaire de Girardin*, 4e édition, 1861, t. II, p. 648.)

séjourner le coton pendant deux heures, ce qui donne à l'opération une durée de trois heures. Après la teinture, le tissu, lavé et dégorgé parfaitement, subit un passage en son, auquel on ajoute du savon et du carbonate de potasse, quand on veut donner au rouge une nuance cramoisie. »

M. J.-M. Hausmann dit « qu'il a obtenu par ce procédé des rouges qui surpassaient en beauté et en vivacité ceux du Levant, et qui, à tous égards, pouvaient supporter la comparaison avec ce qu'on faisait de mieux en France et à Lausanne, chez Paul Remy et fils aîné. »

M. B. Hausmann fils a confirmé à M. Persoz (l'auteur du *Traité d'impression*) tout ce qu'a dit son père à l'occasion de ce procédé, évidemment expéditif, mais en même temps il a avoué qu'aucune application n'en a été faite en grand, parce que les résultats n'en ont jamais été favorables sur une certaine échelle (1).

§ XXII

PROCÉDÉS PROPOSÉS EN 1796 PAR VOGLER POUR L'OBTENTION DU ROUGE TURC

Le chimiste Vogler (2) a suivi J.-M. Hausmann dans la voie de l'animalisation artificielle du coton. — On voit, d'après les expériences qu'il relate, qu'il a étudié sérieusement la fabrication du rouge turc et a cherché à se rendre compte de l'action de chacune des substances mises en œuvre dans cette teinture, et particulièrement du *rôle des matières albuminoïdes*.

Voici diverses recettes indiquées par Vogler :

1°......	Eau.........................	15 à 16 onces.
	Potasse......................	3 gros.
	Garance......................	3 —

Macérer une nuit.

Faire bouillir le lendemain ; y plonger du coton ; un quart d'heure d'ébullition ; rincer ; sécher ; le tremper ensuite dans le mordant suivant :

Eau.........................	13 à 14 onces.
Alun........................	3 gros.
Sel marin...................	3 à 4 gros.
Sel ammoniac...............	1 — .

Ensuite dans l'eau de *colle forte*, enfin dans un bain de garance. On obtient ainsi un beau rouge brun foncé, qu'il reste à aviver.

2°......	Eau douce....................	18 onces.
	Garance......................	3 gros.

Macérer pendant vingt-quatre heures, puis bouillir un quart d'heure.

On y plonge du coton imprégné de *colle forte* et du mordant d'alun ; on retire au bout d'un quart d'heure, on rince et on sèche, et on trempe ensuite le coton dans le deuxième mordant de la recette n° 1, puis dans de l'*eau de colle forte*, enfin dans un bain de garance. On obtient ainsi un très-beau rouge analogue à celui d'Andrinople.

3° Faire bouillir dans un bain de garance du coton écrué, simplement imprégné de *colle forte* et en partie de *sérum de sang*, puis mordancer avec le mordant d'alun et de sel, puis en garance

Obtention d'un rouge très-foncé ayant beaucoup d'éclat.

---

(1) *Traité théorique et pratique de l'impression des tissus*, par J. Persoz. Paris, 1846. 4 volumes. Chez Victor Masson

(2) Vogler, *Annales de chimie*, 1796, 1ʳᵉ série, t. IV. (Extrait d'un *Essai sur la teinture du fil et du coton avec la garance*.)

4° Voici d'autres mordants proposés par Vogler, où il propose l'emploi de la gomme arabique, de l'amidon, de la semence de fenu-grec.

1°.....	Eau...............................	14 à 15 onces.
	Gomme arabique................	3 gros.
	Alun..............................	3 —
2°.....	Eau bouillante...................	14 à 15 onces.
	Amidon dans 2 onces d'eau.......	2 gros.
	Alun..............................	3 —
3°.....	Eau...............................	16 onces.
	Semences de fenu-grec...........	3 gros.
	Alun..............................	3 —
4°.....	Eau bouillante...................	14 onces.
	Belle colle forte blanche.........	1 gros $\frac{1}{2}$ à 4 gros.
	Alun..............................	3 —

Toutes les fois qu'on ajoute l'une de ces substances (gomme arabique, amidon, fenu-grec, et principalement la colle forte) à l'eau d'alun, les fils et cotons qui en sont imprégnés tirent du bain de garance une couleur mieux nourrie.

Vogler dit aussi que la manière d'agir du suc gastrique des animaux, de la sérosité du sang et de la colle forte est absolument identique.

Il ajoute que « le fil et le coton qui n'ont pas reçu d'autre mordant que la sérosité du sang ou la colle forte ne présentent qu'un rouge sale au sortir du bouillon de garance; l'alun *embellit* la couleur, soit qu'il se trouve dans de l'eau de colle forte, soit qu'on en fasse une dissolution séparée.

5° S'inspirant probablement du procédé proposé par J.-M. Hausmann, en 1792, Vogler a proposé les deux autres recettes suivantes, où l'emploi de matières albuminoïdes est supprimé :

1° Imprégner le coton avec mordant obtenu comme suit :

Lessive de potasse forte; y faire dissoudre à chaud autant d'arsenic blanc que possible, étendu de 2 parties d'eau; y verser de l'alun (solution saturée), assez d'alun pour que le précipité se redissolve.

Passer en garance. On obtient un bon rouge saturé.

2° Tremper le coton pendant six heures dans :

Eau...........................	16 onces.
Alun..........................	3 gros.
Chlorure de mercure...........	$\frac{1}{2}$ gros.

Passer en garance. Belle couleur rouge foncée.

Berthollet [1], qui a eu à examiner les procédés proposés par Vogler, est de l'avis de ce dernier au sujet de l'emploi des mucilages, des gommes et surtout de la colle forte.

Il ajoute « qu'une dessiccation complète est très-utile entre chaque procédé. Il est probable que l'eau étant chassée, son affinité ne s'oppose plus à la combinaison ou à la décomposition du mordant, à laquelle elle était un obstacle. Il m'a paru indifférent que la dessiccation fût prompte ou prolongée, pourvu toutefois qu'elle ne fût pas trop rapide. »

On trouve aussi dans Berthollet cette observation très-significative de la part de cet illustre chimiste :

« La liqueur des intestins de brebis, dont on fait usage sous le nom de *sikiou* dans le pro-

---

(1) *Berthollet* (Claude-Louis), né en 1749, à Talloire, en Savoie. Se fit naturaliser Français et devint le médecin du duc d'Orléans. Avec Lavoisier, Guyton de Morveau et Fourcroy, il concourut à la réforme du langage chimique. Membre de l'Académie des sciences en 1780 et de l'Institut, à l'époque de sa fondation. Fit partie de l'expédition d'Égypte. Comte et sénateur du premier Empire. — Ouvrages principaux : *Éléments de l'art de la teinture. Essai de statique chimique.* — Fondateur de la Société d'Arcueil. Pair de France en 1814. Mort le 6 novembre 1822.

cédé d'Andrinople, paraît agir par la graisse qu'elle contient *et par une matière analogue à la sérosité, etc., à la colle forte qui se trouve dans toutes les substances animales.* » (Voir à la quatrième partie de ce Mémoire le *Résumé critique de la théorie du rouge turc.*)

§ XXIII

Procédé de teinture décrit par M. le professeur Gmelin, pour donner au coton la belle couleur et la solidité du rouge d'Andrinople. — Messidor, an XIII (1803).

« On prépare trois dissolutions : la première de soude (100 livres par quintal) assez concentrée pour se mêler sur-le-champ avec l'*huile d'olive*; la seconde de potasse et la troisième de chaux. On les verse par parties égales sur le fil de coton, et lorsque les écheveaux en sont bien imprégnés, on les fait bouillir pendant trois heures dans de l'eau pure, et sécher après les avoir rincés à l'eau courante; alors on délaye 25 livres de *crottin de mouton* dans 500 livres de dissolution de soude, qu'on verse à travers un tamis de crin sur le coton, auquel on a soin d'ajouter auparavant 12 livres ¼ d'*huile d'olive*; on tord les écheveaux quand ils en sont bien pénétrés, et on répète trois fois la même opération avant de les laver. D'une autre part, on fait une décoction de 25 livres de *noix de galle* concassées, mais on attend qu'elle soit tiède pour y tremper le fil, qui doit y rester vingt-quatre heures, puis on le tord, et on le plonge, lorsqu'il est sec, dans un bain composé de 25 livres d'*alun* et d'autant de soude. On répète le même procédé deux ou trois jours après, et l'on met le coton dans un sac de toile, pour le faire dégorger pendant la nuit, au milieu d'une eau courante. Il est alors suffisamment préparé pour le garançage, qui consiste à faire bouillir à gros bouillons, pendant une demi-heure, 25 livres de coton avec 12 à 1400 livres d'eau de rivière, 20 livres de *sang de bœuf encore fluide* et 55 livres de bonne garance moulue; on lave ensuite les écheveaux, et l'on avive la couleur, lorsqu'ils sont secs, en les faisant d'abord passer à travers une lessive de potasse, et puis légèrement bouillir pendant cinq ou six heures, avec de l'eau de savon, dans une chaudière bien couverte.

Le coton teint par ce procédé doit avoir une couleur aussi éclatante et aussi solide que celle du plus beau rouge d'Andrinople.

§ XXIV

PROCÉDÉS DE CHAPTAL

Voici maintenant les procédés de Chaptal (1), tels qu'ils ont été décrits, en 1807, par ce savant chimiste dans son *Art de la teinture du coton en rouge* et dans d'autres écrits datant de cette époque.

Procédé de teinture des cotons en rouge d'Andrinople.

« Le *décreusage* se fait avec une lessive marquant environ 2 degrés. On fait bouillir pendant une demi-heure; on lave le coton décrué et on le sèche.

« APPRÊTS. — *Premier apprêt*, appelé aussi *première huile.* — Pour 100 kilogrammes de coton on emploie 150 kilogrammes de lessive de soude très-claire et marquant 1 à 2° Baumé. L'ouvrier mêle à cette lessive 10 kilogrammes d'huile, et il agite avec soin le mélange pour opérer une bonne combinaison.

« Il délaie ensuite avec un peu de lessive environ 12ᵏ.50 de la liqueur qui se trouve dans

(1) Chaptal, *L'art de la teinture du coton en rouge*. Paris, 1807, in-8° avec figures.
Chaptal (Jean-Antoine), né en 1756, à Nozaret (Corrèze), commence ses études à Montpellier, les continue à Paris sous Sage, Macquer et autres savants. Professeur de chimie à Montpellier en 1781, professeur de chimie végétale à la fondation de l'École polytechnique, membre de l'Institut de France à sa formation, un des fondateurs de la Société d'encouragement de Paris, président de cette Société pendant trente ans, sénateur et comte du premier empire, pair de France en 1819, mort à Paris le 30 juillet 1832.

les premières poches de l'estomac des animaux ruminants(1), il verse le tout dans la jarre qui contient la liqueur savonneuse, et remue avec beaucoup de soin pour opérer un mélange parfait.

« Dès que la jarre est montée, l'ouvrier *passe* le coton dans le liquide, le foule fortement et dans tous les sens, et à plusieurs reprises pendant trois à quatre fois. Le coton est ensuite tordu fortement à la cheville, pour en exprimer tout le mordant qui y est en excès.

« On laisse le coton dans la salle aux apprêts jusqu'au lendemain.

« On le fait sécher, et lorsqu'il est sec on le passe à une lessive de soude marquant 1 degré $\frac{1}{2}$ ou 2 degrés au plus.

« On le sèche une seconde fois, on le passe à une autre lessive marquant 2 degrés. On gradue ainsi la force des lessives, en augmentant de $\frac{1}{2}$ degré à chaque passe.

« *Deuxième apprêt.* — Lorsqu'on a donné deux lessives au coton, immédiatement après la première huile, et séché le coton après chacune de ces trois opérations, on plonge le coton dans un second bain d'huile, dans lequel on supprime l'*humeur gastrique*. On compose ainsi ce bain : Résidu de la première huile, 150 kilogrammes de lessive à un degré, 8 kilogrammes de nouvelle huile.

« On passe le coton, avec le même soin, dans cette deuxième huile. On le sèche ; on lui donne successivement deux lessives un peu plus fortes que les deux de la première huile. Le coton est ensuite lavé et foulé trois à quatre fois dans une eau tranquille et tordu à la cheville ; on sèche ensuite à l'étendage.

« Cette opération est extrêmement importante : le coton doit être convenablement dépouillé sans être appauvri. Le coton ainsi lavé et séché est prêt à recevoir les mordants.

« Mordants. — Ce sont l'alun et la noix de galle, sans lesquels le coton ne prend pas une teinture solide ni nourrie.

« L'engallage se donne avant l'alunage.

« *Engallage.* — Pour 100 kilogrammes, on emploie 10 kilogrammes de *noix de galle en sorte* concassée, qu'on fait bouillir avec dans 100 kilogrammes d'une infusion de 15 kilogrammes de *sumac*. Après une demi-heure d'ébullition, on verse dans le bain 50 kilogrammes d'eau froide.

« Le bain d'engallage doit être très-chaud. Le coton doit y être foulé, puis tordu soigneusement.

« On sèche le jour et par un temps serein. L'air brumeux ou pluvieux noircit le coton engallé.

« *Alunage.* — Composition du bain : 12^k.50 *alun de Rome* ou 15 kilogrammes dans 150 kilogrammes d'eau tiède. On passe le coton avec le même soin que pour l'engallage. La couleur d'un jaune sale et foncé qu'avait donnée la noix de galle, tourne au gris par l'alunage.

« On sèche le coton aluné, on le lave ensuite et on le foule afin d'extraire toute la partie des apprêts, et surtout des mordants, qui ne s'est pas combinée et qui n'adhère pas intimement au fil.

« On fait subir à ce coton, lavé et séché, un troisième huilage, qu'on prépare avec 7^k.50 d'huile et une première lessive à 1 degré.

« Après cette troisième huile, on passe le coton à trois lessives, dont la plus faible marque 2 degrés ; la seconde 3 degrés et la troisième 4 degrés.

« On sèche le coton chaque fois. On lave ensuite le coton pour le *tirer de l'huile*.

« Après quoi, on engalle avec 7^k.50 de galle sans sumac.

« On alune avec 10 kilogrammes d'alun.

« On lave avec le même soin que la première fois, et le coton séché se trouve, en cet état, disposé à être garancé.

(1) Cette liqueur ou humeur gastrique correspond sans aucun doute à la bile ou fiel de bœuf.

« On pourrait donner la troisième huile immédiatement après les lessives de la seconde huile, on éviterait ainsi deux lavages et le second engallage et alunage,

« GARANÇAGE. — On monte le bain ainsi : 2 livres à 2 livres $^1/_2$ de bonne garance pour chaque livre de coton. On mèle cette garance moulue avec du *sang*, qu'on emploie dans la proportion de $^1/_2$ livre par livre de coton; le mélange se fait à la main dans un cuvier; on délaie cette pâte dans l'eau de la chaudière de garançage, et dès que le bain est tiède on y plonge le coton, qu'on y travaille pendant une heure sans porter à l'ébullition, mais en élevant graduellement la chaleur. Du moment que le bain entre en ébullition, on met le coton en *cordes*, et on l'abandonne dans le bain, qu'on tient en ébullition pendant une heure.

« Le coton sortant du garançage est dégorgé à grande eau, avec le plus grand soin.

« AVIVAGE. — Chaptal avivait à la chaudière close.

« *Premier avivage.* — Lessive de soude marquant 2° Baumé. On chauffe cette lessive, et on y fait dissoudre 10 kilogrammes de savon blanc coupé en tranches minces.

« A l'ébullition, on plonge le coton et on ferme la chaudière.

« Ébullition de huit à douze heures, plus ou moins longtemps, selon que la lessive est plus ou moins forte et la couleur du coton plus ou moins foncée.

« Lorsqu'on juge que le coton est suffisamment avivé, on modère le feu, et on retire un mateau de coton pour en examiner la couleur. Si on le trouve suffisamment avivé, on fait couler de l'eau froide dans le bain pour le refroidir. On lave le coton et on le sèche.

« *Deuxième avivage.* — Bain d'eau faiblement aiguisée par une petite quantité de lessive, et dans laquelle on fait dissoudre 12^k.50 de savon. Ébullition de quatre à six heures, selon que la couleur est plus ou moins chargée.

« *Troisième avivage.* — On verse 7^k.50 de la composition suivante : Sel ammoniac, 3 décagrammes par livre d'acide azotique à 32 degrés; étain en baguette, dans la proportion de $^1/_{16}$ du poids de l'acide. On ajoute de l'étain jusqu'à ce que la dissolution soit opale.

« On verse donc 7^k.50 de cette composition dans 100 kilogrammes d'eau tiède, dans laquelle on dissout 3 kilogrammes d'alun. Le mélange se trouble, devient blanc, et c'est dans cette liqueur que l'on passe les cotons séchés.

« On doit délayer la composition avec plus ou moins d'eau, selon que la couleur du coton est plus ou moins foncée.

« On lave les cotons à une eau vive et courante, on les sèche, et toutes les opérations de teinture sont terminées.

§ XXV

ROUGE DES INDES OU ROUGE BRULÉ. — DEUXIÈME PROCÉDÉ DE CHAPTAL (1807)

« Cette couleur terne, sombre, n'a pas beaucoup d'éclat.

« Malgré cela elle est très-recherchée, parce qu'elle se marie parfaitement avec toutes les autres couleurs, et qu'elle imite le rouge qui se trouve sur les mouchoirs de coton apportés des Indes.

« *Décreusage.* — On décrue le coton à l'ordinaire, puis on le fait bouillir pendant une demi-heure dans l'eau de chaux.

« *Huilage.* — Après cette opération, on lui donne une huile forte, et successivement trois ssives.

« *Mordançage.* — On mordance ensuite dans une dissolution tiède de 12^k.50 d'alun, 4 kilorammes d'acétate de plomb, 500 grammes de carbonate de soude et 25 grammes de sel umoniac.

« *Garançage.* — On garance 1 livre $^1/_2$ de garance par livre de coton, et on avive avec soude et savon.

« Si la couleur est maigre, on donne une seconde huile et trois lessives, on passe au même mordant, et on garance en employant la garance à poids égal. »

A notre connaissance, et en suivant l'ordre chronologique, nous devons décrire le procédé, datant de 1811, suivi par la maison Nicolas Kœchlin frères (1), de Mulhouse, et décrit dans l'ouvrage de M. Persoz, auquel nous l'empruntons.

§ XXVI

PROCÉDÉ EMPLOYÉ CHEZ MM. KŒCHLIN FRÈRES EN 1811

« On traitait préalablement les pièces destinées à la teinture rouge turc par un bain de savon, afin de les bien disposer à prendre également les bains blancs. La proportion de savon était de 125 grammes pour les pièces blanchies, de 250 grammes pour celles écrues. Ces pièces, de 0^m.89 de large, avaient 23 mètres de longueur et pesaient 2^k.250 à 2^k.500.

« *Première phase :* HUILAGE DES PIÈCES. — Pour l'huilage de 100 pièces, soit 2300 mètres, ou en moyenne 237 kilogrammes de coton, on prenait 125 kilogrammes *huile tournante*, ou environ 240 grammes par pièce. Cette huile introduite dans un baquet, on y incorporait peu à peu, en remuant, d'abord 500 litres d'eau, puis 100 autres, tenant en dissolution 31 kilogrammes de carbonate de potasse. On agitait jusqu'à ce qu'on eût obtenu une émulsion parfaite, bien lactescente et crèmeuse, afin que l'huile ne surnageât pas par le repos, pourvu qu'elle fût de première qualité.

« *Première opération.* — On plaquait les pièces avec ce bain blanc, et, en les sortant de la machine à matter, on les exposait sur le pré si le temps le permettait ; dans le cas contraire, on les étendait à l'étuve chauffée à une température de 45 à 50 degrés.

« *Deuxième opération.* — Quand elles étaient sèches, ou trois ou quatre heures après, on les mettait de nouveau au *bain blanc* comme la première fois.

Troisième opération. — On les exposait sur le pré ou dans le séchoir. On répétait ces trois opérations, en les alternant jusqu'à ce que les pièces fussent suffisamment saturées du *corps gras modifié* (1), ce qui avait ordinairement lieu après le huitième passage au bain blanc ; toutefois, était-on obligé de se diriger, à cet égard, d'après la nuance que l'on voulait produire, l'état plus ou moins serré du tissu, la qualité du coton et enfin la saison à laquelle on opérait.

« Au printemps, huit immersions dans le bain blanc étaient nécessaires pour obtenir un beau rouge, tandis qu'en été, quand on pouvait profiter du soleil, cinq ou six suffisaient.

« La rosée paraît être aussi favorable à la combinaison de l'huile avec le coton (D. Kœchlin). Il est bon de dire ici que, si le soleil contribue au développement du rouge turc, il a aussi pour résultat d'altérer plus ou moins le tissu. Ajoutons enfin que, quand on introduit dans la cuve, pour le plaçage, de l'eau ou de vieux bain blanc, il faut toujours porter les liquides à une température supérieure, pour que l'émulsion qui sert à matter les pièces ne se coagule pas.

« *Deuxième phase :* DÉGRAISSAGE. — Au sortir du séchoir, les pièces (au nombre de 100) qui étaient saturées de bain blanc, et partant du corps gras modifié, séjournaient durant douze à dix-huit heures dans un cuveau contenant la quantité d'eau nécessaire pour les humecter, et où l'on avait préalablement fait dissoudre 2 kilogrammes de carbonate de potasse ; on les foulait, on les exprimait pour en recueillir le vieux bain blanc, puis on les lavait et les nettoyait avec soin.

---

(1) Cette expression est de M. Persoz, car nous ne croyons pas qu'à cette époque, en 1811, on admettait, comme de nos jours, une *modification du corps gras*. — On verra d'ailleurs, dans la quatrième partie de ce travail, que les idées sur la théorie du rouge turc étaient, au commencement de ce siècle, tournées d'un autre côté.

« *Troisième phase* : MORDANÇAGE. — On plaquait alors dans le mordant préparé comme suit :

« 40 litres mordant n° 1 étaient mélangés à 40 litres eau, et le mélange épaissi avec 6 kilogrammes de gomme du Sénégal.

« On faisait sécher, on bousait, on rinçait, on dégorgeait; on donnait trois tours dans un bain tiède contenant 6 à 7 kilogrammes de craie pour cent pièces; puis, après avoir de nouveau rincé, on passait à la teinture.

« *Quatrième phase* : GARANÇAGE. — On teignait en deux fois avec 3ᵏ.5 à 4 kilos de garance *sp.* d'Avignon par pièce, soit pour 600 mètres de toile ou 12 pièces d'alors 42 à 48 kilogrammes de garance. On divisait cette quantité de garance en deux parties égales, et l'on ajoutait 1 kilogramme de craie à celle qu'on voulait effectuer au premier garançage, qu'on effectuait en portant progressivement le bain à l'ébullition durant l'espace de deux heures et demie, et en le maintenant durant une demi-heure. On opérait le second garançage avec l'autre portion de garance, mais sans addition de craie, et en observant la même marche pour le chauffage. Au sortir de ces deux garançages, les pièces étaient rincées et parfaitement dégorgées.

« *Cinquième phase* : AVIVAGE. — Dans une chaudière d'avivage, remplie aux deux tiers d'eau, on faisait dissoudre :

Savon blanc......................	6 kilogrammes.
Carbonate de potasse............	7 à 10 kilogrammes.
Sel d'étain......................	0ᵏ.400.

« On introduisait dans ce bain 25 pièces de toile huilées et garancées; on fermait la chaudière, en ayant la précaution d'abriter le tube de sûreté, afin qu'il ne pût s'obstruer, et l'on maintenait le tout à l'ébullition pendant au moins huit heures. On sortait alors les pièces pour les dégorger, et on leur donnait un second avivage dans un bain de même volume et chauffé de la même manière, tenant en dissolution :

Savon	6 kilogrammes.
Sel d'étain......................	0ᵏ.400.

« Cet avivage ne différait du premier que parce qu'on en retranchait le carbonate de potasse, et que le bain n'était maintenu à l'ébullition que huit heures.

« Après ce deuxième avivage, les pièces étaient fortement rincées, puis passées en son à l'ébullition, et enfin dans une dissolution extrêmement étendue d'hypochlorite de potasse ou simplement exposées au soleil. On ne donnait aux pièces un troisième avivage qu'autant que le rouge en était très-bon. »

§ XXVII

PROCÉDÉS DÉCRITS PAR J.-B. VITALIS (1827)

Avant d'entrer dans la description des procédés de teinture en rouge d'Andrinople, employés de nos jours, nous croyons utile, à bien des points de vue, de décrire les procédés indiqués si minutieusement par le savant J.-B. Vitalis, dans la deuxième édition de son *Cours élémentaire de teinture*, publiée à Rouen en 1827 (1).

« *Première opération* : DÉCREUSAGE. — On décreuse le coton en le faisant bouillir pendant cinq ou six heures dans une lessive de soude à 1 degré de l'aréomètre. On fait égoutter ensuite au-dessus de la chaudière; on rince bien à l'eau courante et on fait sécher à l'air.

---

(1) A l'époque où Vitalis s'occupait de l'étude des procédés de teinture en rouge des Indes, le plus beau rouge d'Andrinople s'obtenait, paraît-il, à Saint-Gilles, espèce de hameau à la porte de Rouen. On attribuait cette supériorité à l'eau de la localité. — L'établissement était occupé alors par un nommé Durand, il est aujourd'hui la propriété de M. Legras. — Nous devons ces renseignements à la bienveillante obligeance de M. Léon Vivel, notre confrère à la Société d'émulation de la Seine-Inférieure.

« Dans les ateliers de rouge des Indes, à la lessive de soude on substitue les *eaux de dégraissage*, dont il sera bientôt parlé.

« *Deuxième opération* : BAIN DE FIENTE, OU BAIN BIS. — Cette opération a pour but d'*animaliser* en quelque sorte le coton, et de lui communiquer, autant qu'il est possible, la propriété dont jouissent les substances animales, d'entrer plus aisément en combinaison avec les matières colorantes, et de former avec elles des composés plus solides et plus durables.

« La fiente dont on se sert ici est celle de mouton, qui contient une certaine quantité d'*albumine* et de *matière animale particulière*. On en emploie ordinairement de 25 à 30 livres pour 100 livres de coton.

« On commence par la faire tremper pendant quelques jours dans une lessive de soude à 8 ou 10° Baumé ; on la délaie ensuite avec environ 500 pintes de lessive moins forte, et on l'écrase en même temps avec la main dans une bassine de cuivre, dont le fond est criblé de trous.

« On verse la liqueur dans un baquet où l'on a mis de 5 à 6 livres d'*huile grasse* ou *tournante*, et on mêle bien les matières en les agitant à diverses reprises, jusqu'à ce que la liqueur soit bien homogène et de même couleur dans toutes ses parties.

« Le bain étant ainsi préparé, on en imprègne bien le coton, en l'y travaillant, pente à pente, comme pour le mettre en galle ou en alun ; on tord à la cheville, et on laisse les pentes sur une table pendant dix à douze heures, avec l'attention de n'en mettre que deux ou trois l'une sur l'autre, pour que la charge ne fasse pas couler le bain ; après quoi on porte à l'étendage sur des perches de bois blanc, ayant soin de secouer et de retourner de temps en temps les pentes, afin que le coton puisse sécher le plus également qu'il est possible. Après que le coton a subi à l'air un certain degré de dessiccation, on le porte dans la *séchérie*, chauffée à 50° Réaumur, où il perd le reste de l'humidité qu'il a conservée, et qui l'empêcherait de se combiner aux autres *mordants* qu'il doit recevoir ensuite. Ce qui reste du bain se nomme *avances* et s'ajoute au bain suivant.

« On donne au coton deux et même jusqu'à trois bains de fiente, lorsqu'on veut avoir des couleurs bien nourries.

« Lorsque le coton a reçu les bains de fiente, il faut se donner bien de garde de le laisser longtemps entassé, dans la crainte qu'il ne s'enflamme, comme cela est arrivé plusieurs fois, par l'effet de la fermentation qui s'établit.

« *Troisième opération* : BAINS D'HUILE OU BAINS BLANCS. — Ce bain se prépare en versant sur 6 livres d'huile grasse 50 pintes d'eau de soude à 1 degré, quelquefois moins, suivant que, par un essai préliminaire, on s'est assuré de la qualité de l'huile. On mêle bien, en agitant avec un râble ou en transvasant plusieurs fois le bain d'un vase dans un autre. On est assuré que le bain blanc est tel qu'il doit être, lorsque la lessive de soude reste combinée à l'huile pendant quatre à cinq heures, et même davantage, et que celle-ci ne remonte pas à la surface ; on passe alors le coton comme dans le bain de fiente ; on le laisse dix à douze heures sur la table, on l'étend, on le fait sécher.

« Le bain blanc doit être répété deux, trois ou même un plus grand nombre de fois, suivant que l'on veut donner plus ou moins de corps à la couleur.

« *Quatrième opération* : SELS. — A ce qui a pu rester de bains blancs, et que l'on nomme encore *avances*, on ajoute environ 100 pintes de lessive de soude à 2 ou 3 degrés : on brasse bien le tout, et on y passe le coton comme dans les bains précédents. On était autrefois dans l'usage de donner deux, trois, et même quatre sels : un ou deux suffisent.

« *Cinquième opération* : DÉGRAISSAGE. — On fait tremper pendant cinq ou six heures le coton dans une dissolution tiède de soude, à 1 degré au plus de l'aréomètre ; on le met ensuite à égoutter sur un *barc*, on jette de l'eau sur le coton à diverses reprises, pour qu'il soit bien pénétré du liquide, et, au bout d'une heure, on le lave pente à pente, afin de le purger entièrement de l'huile non combinée, mais qui, si elle restait adhérente à la surface du coton, l'empêcherait de bien prendre la galle ; on tord ensuite avec le chevillon et on fait sécher.

« Au sortir du dégraissage, le coton doit être d'un beau blanc.

« Ce qui reste des eaux du dégraissage sert à *décreuser* le coton.

« *Sixième opération* : ENGALLAGE. — Pour 100 livres de coton, on fait cuire de 20 à 25 livres de *bonne galle en sorte* et concassée dans environ 100 pintes d'eau, jusqu'à ce qu'elle s'écrase facilement entre les doigts. On verse alors dans la chaudière 50 pintes d'eau froide; on passe la décoction à travers un tamis de crin un peu serré, et on procède à l'engallage, à une température telle que la main puisse seulement supporter la chaleur du bain. La manipulation est la même que pour le bain huileux : on porte sur-le-champ le coton à l'étendage, à l'air libre, si le ciel le permet, ou sous un hangar, par un temps pluvieux ou humide. On aura soin de prendre la précaution que nous avons déjà recommandée pour rendre la dessiccation bien égale, afin d'éviter, au garançage, des inégalités de couleur.

« L'engallage peut se faire une deuxième fois, quoique avec la même quantité de galle, et en faisant sécher entre chacun des deux engallages. Cette méthode à l'avantage de contribuer à donner une couleur bien nourrie et plus unie.

« On remplace quelquefois, par économie, une partie de la galle par le sumac; on obtient même par ce moyen des nuances particulières qui sont assez estimées.

« *Septième opération* : ALUNAGE. — L'alunage de 100 livres de coton exige de 25 à 30 livres d'*alun pur*, c'est-à-dire bien purgé de sels ferrugineux. Voilà pourquoi il est essentiel de n'employer à cette opération que de l'alun de Rome, ou bien l'alun de première qualité qui sort aujourd'hui des fabriques françaises, et qui ne le cède en rien à celui de Rome.

« La présence de la petite quantité d'un sel à base de fer, dans l'alun, ferait *virer le rouge* de la garance à la couleur *lie de vin*, et ferait par conséquent manquer le but. Il faudra donc, avant tout, s'assurer de la pureté de l'alun, etc. (Suit le moyen de découvrir le fer par le prussiate.)

« Il ne suffit pas que l'alun soit parfaitement pur, il faut, en outre, corriger l'excès d'acide que ce sel contient en versant dans l'eau, qui le tient en dissolution, une certaine quantité d'eau de soude; nous donnerons par la suite la raison de cette addition alcaline dans le bain d'alun.

« Cela posé, voici de quelle manière on doit procéder à l'alunage. On fait dissoudre, sans bouillir, 25 à 30 livres d'alun dans environ 400 pintes d'eau de pluie ou de rivière, l'alun étant fondu, on y verse peu à peu une solution de soude faite avec la ¹/₁₆ partie du poids de l'alun. On ne verse une seconde portion de la solution alcaline qu'après que l'effervescence causée par la première portion est entièrement disparue, et ainsi de suite. De cette manière, on n'a point à craindre qu'une effervescence trop brusque et trop vive entraîne une portion du bain hors de la chaudière.

« Nous remarquerons encore qu'en employant la soude, dans une proportion plus forte que celle que nous avons prescrite, on s'exposerait à décomposer l'alun, dont la base, c'est-à-dire l'alumine, se précipiterait alors dans la chaudière, sous forme de flocons blancs.

« Le bain d'*alun saturé* n'étant plus que *tiède*, on y passe le coton, comme dans le bain de galle, de manière qu'il en soit bien imprégné, et on le fait sécher avec les précautions que nous avons déjà recommandées plusieurs fois.

« *Huitième opération* : LAVAGE D'ALUN. — Pour purger le coton de l'alun qui ne lui serait pas intimement combiné, on le laisse tremper dans l'eau, pendant quelques heures, et lorsqu'il a été bien égoutté, on lave chaque mateau séparément, trois ou quatre fois dans une eau courante; on tord à la cheville, et on fait sécher à l'ordinaire.

« *Neuvième opération* : GARANÇAGE. — Cette opération demande à être conduite avec le plus grand soin, si l'on veut obtenir une couleur aussi vive qu'il est possible; on l'exécute de la manière suivante :

« On ne teint plus que 50 livres de coton à la fois. Le plus souvent même on n'en teint que 25 livres ; c'est dans cette dernière supposition que nous allons décrire le procédé.

« Dans une chaudière qui a la forme d'un carré long, on met environ 400 pintes d'eau, et on verse 25 pintes de sang de bœuf ou de mouton qu'on mêle bien à l'eau. Aussitôt que l'eau commence à tiédir, on ajoute 50 livres de garance que l'on délaie avec soin dans le bain. Immédiatement après, l'on y plonge le coton suspendu sur les lisoirs. On met ordinairement deux mateaux sur chaque lisoir. On agite successivement les mateaux dans le bain, à l'aide des lisoirs; on les retourne de temps en temps, bout par bout, afin que la couleur puisse s'appliquer également partout. On continue cette manœuvre pendant une heure à cinq quarts d'heure, en conduisant le feu de manière que le bain soit, dans cet espace de temps, arrivé au bouillon. On retire alors les mateaux des lisoirs que l'on passe dans des boucles de ficelle qui réunissent les pentes; on soutient l'ébullition pendant trois quarts d'heure à une heure au plus; on retire ensuite le coton de la chaudière, et on le laisse égoutter en refroidissant; on le lave à la rivière, jusqu'à ce que l'eau sorte claire, et on le fait sécher.

« On est assez dans l'usage de teindre en deux fois, en partageant aussi en deux la quantité de garance prescrite plus haut. On obtient par ce moyen une couleur plus unie; il n'est pas nécessaire de sécher entre les deux opérations, il suffit de bien laver.

« Le garançage se fait ordinairement avec la garance de Provence; mais, pour obtenir des nuances fines et plus ou moins rosées, on mêle quelquefois la garance de Provence à la garance de Smyrne, de Chypre, etc., soit à parties égales, soit dans la proportion de 2 parties de la première sur 1 partie de la seconde ou de la troisième.

« *Dixième opération* : AVIVAGE. — L'avivage s'exécute de plusieurs manières :

« 1° On faisait autrefois bouillir, à petit feu, le coton teint en *rouge garance*, dans les *avances*, ou ce qui restait du dernier bain blanc, auquel on ajoutait 4 à 5 livres de savon blanc (1) de Marseille, dissous dans une quantité d'eau telle que le tout ensemble formait environ 600 pintes de liquide. On couvrait bien la chaudière, mais cependant de manière à laisser une issue à la vapeur, soit au moyen de grosses étoffes interposées entre les bords de la chaudière et son couvercle, soit à l'aide d'une soupape adaptée au couvercle. Cette méthode paraît aujourd'hui abandonnée.

« 2° Le coton étant teint, on prépare un bain blanc ordinaire, qui prend le nom de *siklou* (2). On y passe le coton lavé de garance, et on le fait sécher; c'est ce qu'on appelle *siklouter*. Après que le coton est sec, on le fait bouillir, comme il a été dit plus haut, dans un bain de 6 à 8 livres de savon.

« 3° On prépare le bain d'avivage, toujours pour 100 livres de coton, avec 4 à 5 livres d'huile grasse, 6 livres de savon blanc de Marseille et 600 livres d'eau de soude à 2 degrés. On se conduit, du reste, comme dans la première méthode.

« Lorsque, par un échantillon retiré de la chaudière, on s'est assuré que l'avivage a enlevé au *gros rouge* sa teinte brune et sombre, et que le rouge est bien découvert, on cesse le feu; on laisse refroidir le coton dans la chaudière; on exprime ensuite, on lave bien à la rivière, on tord à la cheville, et on procède sur le champ au rosage, sans qu'il soit besoin de faire sécher.

« *Onzième opération* : ROSAGE. — Cette opération a pour but de donner du feu à la couleur, c'est-à-dire de la vivacité et de l'éclat.

« Pour l'exécuter, on se sert d'une chaudière semblable à celle de l'avivage. On y met environ 600 pintes d'eau, dans lesquelles on fait dissoudre de 16 à 18 livres de savon blanc, suivant la force de la couleur. Lorsque le savon est bien dissous, et que le bain a jeté quel-

---

(1) *Savon blanc.* Il contient sur 100 parties :

Soude	4.6
Huile	50.2
Eau	45.2

« C'est ce coton que l'on emploie dans la teinture du coton en rouge d'Andrinople ou des Indes. » (Vitalis p. 163.)

(2) Expression des teinturiers d'Orient. Dernier vestige des procédés orientaux importés en France.

ques bouillons, on y verse peu à peu la dissolution d'environ 1 livre ¹/₂ de *sel d'étain* dans 2 pintes d'eau tiède, et à laquelle on a ajouté de 6 à 8 onces d'acide nitrique à 20 degrés. Pendant qu'on verse cette dissolution, un ouvrier agite le bain avec un bâton, afin de bien la mêler au bain de savon. On y jette alors le coton, dont on a formé un certain nombre de gros paquets, et on fait bouillir à petit feu, comme dans l'avivage, jusqu'à ce qu'un échantillon exprimé de son bain ait acquis un beau vif. On retire encore le coton de la chaudière, on le lave encore chaud, on fait sécher, et le coton est fini.

« En suivant le même procédé, on parvient à teindre en beau rouge des Indes le fil de lin et de chanvre, pourvu qu'avant de les soumettre aux apprêts huileux ils aient été amenés au moins à un bon demi-blanc. (Voir dans le *Précis analytique des travaux de l'Académie royale de Rouen*, pour l'année 1834, le détail des opérations auxquelles Vitalis a soumis le fil de lin pour le teindre en rouge des Indes.)

« Le système d'opérations qui a été exposé jusqu'ici, et qui est essentiellement le même que celui qui a été publié par ordre du gouvernement, et que l'on retrouve dans l'*Essai sur l'art de la teinture*, par M. Schœffer, commenté par Bergmann; dans l'*Art de la teinture des fils et étoffes de coton*, par Le Pileur d'Appligny; dans le *Traité du rouge des Indes*, par M. le comte de Chaptal; ce système, dis-je, n'est pas le seul que l'on puisse suivre. Il en existe un second auquel on donne la préférence, dans quelques ateliers, et que M. Berthollet (1) a fait connaître avec beaucoup de détails (*Éléments de l'art de la teinture*, t. II, p. 137).

§ XXVIII

« Ces deux systèmes sont connus à Rouen sous le nom de *marches*. Le premier s'appelle *marche en gris*, et le second *marché en jaune*.

« La *marche en gris* tire sa dénomination de ce que le coton est soumis au garançage immédiatement après qu'il a reçu les apprêts huileux, et les mordants de galle et d'alun, ce qui lui donne une couleur *grise*.

« La *marche en jaune* est ainsi nommée, parce que dans ce système, après avoir reçu une première fois les apprêts huileux, ainsi que les mordants de galle et d'alun, le coton n'est soumis au garançage que lorsqu'il a passé une deuxième fois par les mêmes apprêts et les mêmes mordants, ce qui lui donne une couleur *jaune*; c'est cette seconde manière de travailler le rouge des Indes, qu'on appelle, en termes d'atelier, *remonter sur galle*.

« Le tableau suivant offrira, même à l'œil, la différence qui existe entre ces deux *marches*:

MARCHE EN GRIS	MARCHE EN JAUNE
Débouilli.	Débouilli.
Bains de fiente.	Bains de fiente.
Bains blancs.	Bains blancs.
Sels.	Sels.
Dégraissage.	Dégraissage.
Engallage.	Engallage.
Alunage.	Alunage.
Lavage d'alun.	Lavage d'alun.
Garançage.	Bains blancs.
Avivage.	Sel.
Rosage.	Dégraissage.
	Engallage.
	Alunage.
	Lavage d'alun.
	Garançage.
	Avivage.
	Rosage.

(1) Berthollet (Claude-Louis), né en 1749, à Talloires (sur le lac d'Annecy), en Savoie, collaborateur de Lavoisier, Guyton de Morveau et Fourcroy, membre de l'Académie des sciences en 1780, fondateur, en 1807, de la Société d'Arcueil, pair de France en 1814, mort le 6 novembre 1822.

« La marche en gris, ainsi que la marche en jaune, est susceptible d'un grand nombre de combinaisons et de variétés, soit dans l'ordre, soit dans le nombre des opérations relatives à chacune d'elles. En voici des exemples avec des développements qui ne peuvent manquer d'intéresser les teinturiers.

§ XXIX

MARCHE EN GRIS, POUR 100 LIVRES DE COTON

« *Décreusage*, dans une eau de soude à 1 degré $^1/_2$ de l'aréomètre, ou bien avec les eaux de dégraissage qui portent ordinairement 2 degrés.

« *Bain de fiente*, avec 25 livres de fiente et 6 livres d'huile; sécher à l'étuve.

« *Bain de fiente*, idem; sécher, idem.

« *Bain blanc*, avec 5 livres d'huile et eau de soude, à 1 degré $^1/_2$ ou 2 degrés; sécher.

« *Bain blanc*, avec 5 livres d'huile; sécher.

« *Un ou deux sels*. Le premier à 2 degrés; le second à 3 degrés; sécher.

« *Dégraissage*, dans de l'eau pure, d'une température égale à celle de l'atmosphère en été, et entre 15 ou 18 degrés du thermomètre en hiver : on tiendra le coton dans l'eau pendant une heure ou deux; on le retire ensuite, on le tord à la cheville, et on fait sécher.

« *Bain blanc;* comme ci-dessus.

« Idem. idem.

« Idem. idem.

« *Dégraissage;* comme ci-dessus, avec cette différence qu'on lave bien avant de tordre, puis on fait sécher.

« *Premier engallage*, avec 7 livres de *galle en sorte*, ou de galle d'Istrie, sécher.

« *Deuxième engallage*, avec 14 livres de sumac auquel on fait jeter un bouillon ou deux; on rafraîchit le bain, on le passe à travers un tamis, et on passe le plus chaud possible; faire sécher.

« *Premier alunage*, avec 13 livres d'alun de fabrique épuré; à la suite on donne un léger lavage; *on ne sèche point.*

« *Deuxième alunage*, avec 12 livres du même alun, que l'on peut remplacer par l'alun de Rome; bien tordre, ne point sécher.

« *Garançage*, avec sept quarts de livre de *lizary* de Provence, par livre de coton; on ne teint que 25 livres à la fois; attendre que le coton retiré de la chaudière soit refroidi, pour le laver; tordre et sans sécher.

« *Avivage* avec eau de soude à 1 degré $^1/_2$, ou avec ce qui reste du bain de dégraissage, auquel on peut ajouter 3 ou 4 livres de savon blanc. On fait bouillir le coton pendant quatre ou cinq heures, dans une chaudière fermée de son couvercle; mais, cependant, de manière à pouvoir donner issue à la vapeur; on soutient l'ébullition jusqu'à ce qu'un échantillon que l'on a soin de consulter de temps en temps soit arrivé au degré convenable; on laisse le coton refroidir dans la chaudière, on exprime bien, on lave à la rivière, on tord à la cheville, et, sans qu'il soit besoin de faire sécher, on procède à la dernière opération.

« *Rosage*, avec 12 livres de savon blanc, que l'on fait dissoudre dans une quantité d'eau suffisante. Lorsque la solution de savon est faite, on y verse une solution de 1 livre ou de 1 livre $^1/_2$ de sel d'étain, que l'on a fait dissoudre dans 2 pintes d'eau tiède, et où l'on a ajouté environ un tiers de bouteille d'acide azotique à 36 degrés de l'aréomètre; on fait bouillir pendant quatre ou cinq heures, et on retire le coton lorsqu'un échantillon sort d'un beau vif.

« Si le premier rosage ne pouvait amener le coton au point convenable, on en donnerait un second semblable au précédent, mais où l'on ne mettrait que 8 livres de savon.

§ XXX

MARCHE EN JAUNE AUSSI POUR 100 LIVRES DE COTON

Décreusage, comme dans la marche en gris.

Deux bains de fiente, chacun avec 5 ou 6 livres d'huile; faire sécher.

Deux bains blancs, chacun avec 6 ou 8 livres d'huile; faire sécher.

Deux sels, chacun à 2° du pèse-liqueur Baumé.

Dégraissage à l'ordinaire; laver, puis faire sécher.

Premier engallage, avec 8 livres de noix de galle; faire sécher.

Premier alunage, avec 13 livres d'alun pur; laver, sans sécher, puis tordre et faire sécher.

Trois bains blancs, chacun avec 6 livres d'huile; sécher.

Deux sels, chacun à 2 degrés; faire sécher.

Deuxième engallage, avec 4 livres de galle et 12 livres de sumac; sécher.

Deuxième alunage, avec 13 livres d'alun pur; faire sécher.

Lavage d'alun très-soigné; tordre, sécher ou non, à volonté.

Garançage, à 2 livres de lizary de Provence, par livre de coton.

Avivage, comme dans la marche en gris.

Premier rosage, comme dans la marche en gris.

Deuxième rosage (au besoin), comme dans la marche en gris.

« Le système d'opération indiqué dans l'une ou l'autre des marches ci-dessus nous paraît tellement préférable à tout autre, que nous invitons les teinturiers à le suivre, en leur laissant toutefois la liberté de donner des bains blancs un peu plus chargés d'huile ou plus nombreux, quelques sels de plus, etc.

« On suit ordinairement la marche en gris pour faire les rouges d'Andrinople communs et ordinaires, et l'on réserve la marche en jaune pour les rouges de première qualité, sous le double rapport de l'éclat et de la solidité.

« C'est encore par la marche en jaune qu'il faut traiter le lin ou le chanvre, comme Vitalis l'a fait voir dans le *procédé pour teindre ces substances en rouge des Indes* (*Précis analytique des travaux de l'Académie royale de Rouen*, année 1814).

« Quant aux précautions à prendre pour assurer le succès des opérations qui concernent le rouge des Indes, telles que le choix des *ingrédients*, la manière de les mettre en œuvre, etc., on trouvera tous les détails que l'on peut désirer à cet égard dans le *Manuel du teinturier sur fil et sur coton filés* de Vitalis, auquel ce praticien renvoie le lecteur. On pourra lire aussi avec beaucoup de fruit ce que M. Berthollet a écrit à ce sujet, d'après M. le comte Chaptal (*Éléments de l'art de la teinture*, tome II, p. 147). »

Deuxième Section

PROCÉDÉS INDIQUÉS EN 1846 PAR MM. DUMAS ET PERSOZ, ET ENCORE SUIVIS DE NOS JOURS POUR LA PLUPART

Malgré tous les détails si minutieusement pratiques dans lesquels Vitalis est entré, nous croyons devoir encore donner sur le rouge turc les procédés suivants, tels qu'ils ont été décrits par M. Dumas dans son *Traité de chimie appliquée aux arts*, et par M. Persoz père, dans son *Traité théorique et pratique de l'impression des tissus*. Un examen sérieux fait voir que ces descriptions sont ou conçues dans un esprit particulier, et, pour ainsi dire, en vue d'appréciations théoriques personnelles à ces savants, ou indiquent des modifications toutes de détail, c'est vrai, mais qu'il est absolument nécessaire de montrer dans un travail tel que celui que nous avons entrepris sur la fabrication et la théorie du rouge turc.

§ XXXI

Procédé décrit dans le *Traité de chimie appliquée aux arts*, de M. Dumas, t. VIII (1846) :

« La fabrication des fonds rouges, dits *Andrinople*, est très-longue et fort dispendieuse.

« Ce qui distingue cette fabrication, c'est le *mordant gras* que l'on donne aux toiles, et l'*engallage* auquel on les soumet.

« Le mordant gras n'est autre chose qu'une huile à laquelle on ajoute une faible dose d'alcali pour la rendre émulsive, et qui détermine ainsi, sans doute, une pénétration plus complète de la matière huileuse dans le tissu. Comme cette action ne se passe qu'en vertu d'une assez faible affinité, on ne peut la produire que graduellement et en multipliant beaucoup les opérations.

« Quant à l'engallage, on ne sait guère comment il agit ; mais l'expérience a appris qu'il était utile.

« On a reconnu que les toiles écrues donnent de plus belles nuances que celles qui ont reçu le blanchiment ordinaire.

« Le coton d'Égypte paraît aussi plus favorable pour ce genre de teinture.

« Les opérations d'*avivage* ont pour objet de dissoudre la matière colorante fauve de la garance et de mettre à nu la couleur rouge. Elles consistent surtout à soumettre les tissus à l'action de la lumière, des alcalis, du savon et du deutochlorure d'étain. C'est à la pratique seule et aux essais multipliés des fabricants que l'on doit les procédés maintenant en usage ; mais ils varient encore beaucoup d'une fabrique à l'autre, et l'on est loin d'être d'accord sur ceux qui présentent les meilleurs résultats.

« Quelques fabricants n'ont pas encore renoncé à l'emploi du sang de bœuf et de la bouse de vache :

« Voici un tableau de la série des opérations employées pour les fonds rouges dits *Andrinople :*

« 1° Décreusage de la toile ou du coton.

« 2° Un premier huilage, au moyen d'un bain savonneux, formé avec une dissolution de soude et de l'huile tournante ; un second, un troisième et un quatrième huilage, exécutés de la même manière.

« Après chaque huilage, l'étoffe est soumise à un séchage intermédiaire à la température de 40 degrés.

« Repos plus ou moins prolongé.

« 3° Dégraissage ; immersion de six à douze heures, dans une eau alcaline à 25 degrés de température.

« 4° Passage dans un bain de noix de galle et d'alun ; bousage.

« 5° Teinture en garance à 100 degrés ; nouveau passage dans le bain de galle et d'alun ; deuxième teinture en garance.

« 6° Avivage par l'exposition au pré, et une ébullition de dix à douze heures, dans une chaudière fermée contenant une dissolution de soude, de savon et de deutochlorure d'étain.

« Ce dernier traitement se répète deux ou trois fois.

« Nous allons reprendre maintenant en détail chacune de ces opérations :

« *Décreusage.* — Cette opération consiste dans un lessivage, qui s'exécute, comme à l'ordinaire, dans de grandes cuves en bois, chauffées par la vapeur ; à défaut de cet appareil, on peut le faire dans les mêmes chaudières autoclaves que l'on emploie pour l'avivage et le rosage.

« Dans ce dernier cas, pour 55 pièces de calicot de 24 pouces de large et de 22 aunes de longueur, on prend de 14 à 16 livres de carbonate de potasse du commerce, qu'on dissout d'abord dans l'eau ; on y plonge les étoffes dans le liquide et on les fait bouillir pendant cinq ou six heures. On les retire, on les lave à l'eau courante et on les passe deux fois au foulage.

« Souvent, on fait précéder le lessivage par l'immersion des toiles écrues dans de l'eau tiède ; on les y laisse pendant quatre ou cinq jours, jusqu'à ce qu'une espèce de fermentation se soit établie ; alors, on les retire pour les laver ou les passer au foulon. Cette opération rend le lessivage plus facile et plus complet.

« Avant de passer les toiles au bain blanc, il faut les sécher à l'étuve à 40° Réaumur.

« *Bains blancs.* — On a deux grands cuviers, l'un à côté de l'autre ; on remplit l'un d'eau tiède et on y ajoute une dissolution de carbonate de potasse préparée d'avance, en quantité suffisante pour produire une lessive qui marque 2° $^1/_2$ à l'aréomètre de Baumé.

« Dans l'autre cuvier, qui doit contenir exactement 400 pintes, on verse 60 livres d'huile ;

puis, en agitant toujours, on y verse peu à peu la lessive faible du premier cuvier, jusqu'à ce qu'on l'ait rempli entièrement.

« Cela fait, on procède à l'huilage.

« On passe les pièces dans la liqueur ainsi préparée, au moyen d'une machine à plaquer, ou dans des vases coniques de 18 à 20 pouces de diamètre supérieur, 18 à 22 pouces de profondeur, et 10 à 12 pouces de diamètre inférieur.

« L'ouvrier prend une pièce et il la plonge dans une quantité suffisante de ce liquide. Il la tient par un bout et la suit dans sa longueur, en la retirant d'un côté du bain pour le replonger de l'autre, et s'arrêtant dans l'intervalle pour la travailler trois ou quatre fois; arrivé à la fin, il la travaille encore, puis il la suspend sur une cheville, et il en exprime le liquide au-dessus du bain.

« Toute la partie de 200 à 600 pièces étant passée, on les sèche d'abord à l'air, puis dans le séchoir à 50° Réaumur.

« Souvent, on ajoute à ce premier bain de la bouse de vache. Cette opération a lieu quatre fois, mais chaque fois après avoir séché les pièces.

« Le cinquième bain se fait en ajoutant au résidu du liquide contenu dans les vases coniques, assez d'eau pour y pouvoir passer une pièce. Pour chaque pièce suivante, on remplace, en ajoutant toujours de l'eau, le liquide que la pièce précédente a absorbé.

« On sèche les pièces d'abord à l'air, ensuite dans l'étuve à 50 degrés.

« Les sixième, septième, huitième et neuvième bains s'exécutent exactement comme le cinquième, en ayant soin de faire sécher les pièces après chaque bain.

« Quelques jours après avoir donné le neuvième bain blanc, on expose, pendant quelques heures, les pièces à une température de 50 degrés. On commence alors la troisième opération ou le dégraissage.

Dégraissage. — Deux ouvriers enfoncent avec les pieds les toiles encore chaudes dans une cuve contenant de l'eau tiède, dont la température ne doit pas dépasser 20 à 22 degrés. On les y laisse pendant la nuit. Le lendemain on les retire; on les exprime sur le bain, on les lave à l'eau courante, on les foulonne deux fois, on les tord et on les sèche, d'abord à l'air, puis dans le séchoir à 40 degrés.

« Le liquide qui reste dans la cuve est alors d'une couleur blanche, à peu près comme un bain de savon, car il contient à la fois de la potasse et l'excès de matière grasse qui se trouvait à la surface de l'étoffe sans y être combinée; par cette raison, on peut l'employer, au lieu de la lessive faible, à la préparation du bain blanc.

« Il faut que le dégraissage soit fait avec beaucoup de soin, car c'est en grande partie de cette opération que dépend la bonne réussite de la couleur. En effet, si l'on prenait de l'eau trop chaude, on enlèverait du coton trop de matière grasse, et alors on n'obtiendrait qu'une couleur trop maigre ; d'un autre côté, si le coton n'est pas suffisamment dégraissé, la couleur présente toujours un aspect gras et terne.

« *Engallage.* — On procède ensuite à l'engallage, qui contribue puissamment à donner à la couleur la solidité et l'intensité qui la caractérisent.

« Pour 100 pièces de coton on prend :

> Noix de galle................ 26
> Sumac..................... 20

« On fait bouillir avec une quantité suffisante d'eau pendant une heure un quart.

« On filtre la décoction à travers une toile, on y passe les pièces aussi chaudes que possible. On les sèche d'abord dans un endroit très-aéré, puis dans l'étuve, à une température de 40 degrés.

« Si l'on fait engaller les pièces en deux fois, on divise en deux la dose indiquée, dont on prend une moitié pour chaque engallage.

« On remarque qu'en général les étoffes deux fois engallées deviennent plus uniformes et plus égales de ton.

« *Alunage.* — A 35 livres d'alun dissous dans de l'eau on ajoute 5 pintes d'une dissolution de carbonate de potasse marquant 10° Baumé.

« On passe les étoffes engallées et séchées dans cette dissolution d'alun, qui ne doit pas dépasser 25 à 30 degrés de température. Les étoffes sont ensuite séchées au grand air, puis exposées à une température de 40° Réaumur.

« Dans l'hiver, il faut avoir grand soin qu'elles ne gèlent pas, car l'alun se cristalliserait et se détacherait dans l'opération suivante.

« Après avoir abandonné les étoffes alunées et séchées pendant quelques jours à elles-mêmes, on les passe dans un bain de craie délayée dans de l'eau tiède à 25 ou 30 degrés environ; puis on les soumet deux fois au foulage et au lavage, on les laisse égoutter, et ensuite on les teint, en les prenant lorsqu'elles sont encore à l'état humide.

Garançage. — Pour 10 pièces de calicot, on délaye ensemble dans de l'eau :

Garance d'Avignon	65
Sumac	2
Pintes de sang	6

dans une chaudière en forme de carré-long; on introduit les étoffes, et on augmente graduellement la température, de manière que le liquide soit mis en ébullition au bout de deux heures.

« Ensuite on fait bouillir pendant trois quart d'heure en faisant passer constamment les toiles sur le cylindre à jour.

« Après deux heures trois quarts on sort les étoffes de la chaudière, on les lave à l'eau courante, on les soumet au foulage et on les prépare pour l'avivage.

« *Avivage.* — Cette opération se fait dans une chaudière autoclave remplie aux deux tiers d'eau.

« Pour vingt ou vingt-cinq pièces, de calicot on y fait dissoudre 7 livres de savon de Marseille, auquel on ajoute 4 livres de carbonate de potasse. On porte à l'ébullition, puis on y verse peu à peu, en agitant fortement, une dissolution de 5 onces sel d'étain saturée par de la potasse. On agite encore pendant quelque temps, puis on y introduit les étoffes garancées. On ferme la chaudière avec le couvercle, on continue le feu et l'on fait bouillir le liquide pendant six ou sept heures. Au bout de ce temps, on retire le feu; on fait entrer de l'eau froide dans la chaudière, on l'ouvre et on ôte les pièces qu'on lave, qu'on foulonne et qu'on prépare ensuite pour le rosage.

« *Rosage.* — Pour quarante pièces, on prend 12 livres de savon qu'on dissout dans l'eau, et, lorsque le liquide est à l'état d'ébullition, on y verse une dissolution formée de :

$1/_2$ livre de sel d'étain.
1 $1/_2$ verre d'acide nitrique à 36 degrés.

« Cette dissolution étant d'ailleurs saturée par de la potasse, en prenant les mêmes précautions que dans la précédente. Cela fait, on y plonge au bout de cinq minutes environ les toiles avivées, on ferme la chaudière, et, après avoir fait bouillir pendant trois ou quatre heures, on les retire; enfin, lorsqu'on les a lavées et foulées, on les met sur le pré pendant quelques jours. »

§ XXXII

M. Dumas fait suivre cette description détaillée du compte de revient de la teinture en rouge Andrinople de deux cents pièces calicot de 24 pouces de large et de 22 aunes $1/_2$ de longueur, dans une teinturerie en Suisse (1846). Nous donnons ce compte de revient à titre de renseignement historique:

				Fr. c.	Fr. c.
160 kilogrammes	Potasse du commerce, les 100 kilogrammes à......			42.65	68.25
210 —	Huile tournante	—	......	75.85	159.28
30 —	Noix de galle	—	......	144.60	52.05
56 —	Sumac	—	......	23.70	13.27
75 —	Alun	—	......	98.45	21.33
55 —	Craie	—	......	9.50	5.22
1.300 —	Garance d'Avignon	—	......	78. »	1.014. »
145 pintes de sang, la pinte à............................				».15	21.75
140 kilogrammes Savon de Marseille, les 100 kilogrammes............				60.45	84.63
7ʰ.500 Sel d'étain, les 100 kilogrammes.....................				98.35	7.37
6ʰ.500 Eau forte (acide nitrique), les 100 kilogrammes..............				47.40	3.08
Manœuvre (main-d'œuvre)............................				»	248.10
Combustible (bois et tourbe)........................				»	256.50
Intérêts, faux-frais, etc............................					
Les 200 pièces.....................				»	1.754.83

La pièce = 0 fr. 77 c. ¹/₄.

Prix de la façon, la pièce à 10 fr. ⁹⁸ c., les 200 pièces...................... 2.192. »

— de revient, — 9 77 — 1.954.83

Bénéfice par teinture..... 1 fr. 19 c. 237.17

§ XXXIII

PROCÉDÉS INDIQUÉS PAR FEU PERSOZ PÈRE (1846)

Le procédé ci-après, que nous empruntons au savant traité de M. Persoz, est reproduit presque textuellement dans l'ouvrage de M. P. Schutzenberger (1), publié en 1867 :

« *Huilage.* — Pour 1.000 kilogrammes coton on emploie :

Huile tournante.. 585 à 650 kilogrammes.
Eau tenant en dissolution 9 à 10 kilogrammes de carbonate de potasse.. 1.500 kilogrammes.

L'huile, l'eau et le carbonate de potasse, dans ces proportions, sont divisés en 3 parties égales dont on forme successivement, et au fur et à mesure des besoins, 3 parties de bain blanc, en incorporant peu à peu à l'huile la quantité de solution alcaline nécessaire pour produire une émulsion. C'est dans la première partie de ce bain blanc qu'on foularde le tiers des pièces à huiles ; après cette opération, on les met en tas dans un lieu frais, on les y laisse durant dix à douze heures, puis on les sèche à l'étendage chaud à la température de 60 degrés.

« Pendant cette dessiccation, on commence l'opération sur le second tiers des pièces que l'on fait passer dans la deuxième partie de bain blanc, et, quand elles ont été foulardées, macérées et desséchées, on met en ouvrage le troisième tiers avec la troisième partie de bain blanc, c'est le moyen d'avoir un travail continu ; car, tandis que des pièces récemment mattées sont en état de repos, d'autres sont à l'étuve et d'autres enfin sont foulardées de nouveau.

« Après chaque placage en bain blanc, suivi d'un repos et d'une dessiccation, les pièces rentrent dans leur bain blanc respectif et y sont foulardées de nouveau. Dès que le bain vient à manquer, on ajoute soit un peu d'eau tiède, soit une certaine quantité de *bain blanc vieux* provenant des lavages, et l'on répète l'opération à plusieurs reprises selon la quantité d'huile qu'on désire fixer à l'étoffe.

« Après le quatrième bain, les pièces se trouvent déjà dans l'état de l'échantillon ci-après (Persoz, t. III, p. 192.):

(1) *Traité des matières colorantes*, t. II, p. 288.

Dégraissage. — Le nombre des bains blancs, toujours pratiqués de la même manière, c'est-à-dire suivis d'un repos et d'une dessiccation, est le plus ordinairement de sept ou huit, puis on procède au dégraissage en faisant macérer les pièces à deux reprises et pendant vingt-quatre heures dans une solution de carbonate de potasse à 2 degrés Baumé. Le liquide qu'on en retire par expression constitue le bain blanc vieux qui rentre dans les opérations de l'huilage. Les pièces, rincées avec soin, sont alors dans l'état ci-après et prêtes à recevoir l'engallage. (Voir l'échantillon, Persoz, t. III, p. 193.)

« *Engallage* ou *mordançage.* — Cette opération se donne ici en deux fois :

« La première, avant le premier *garançage* ou *retirage ;* la seconde, après ce *retirage* ou avant le *dernier garançage.*

« On épuise par l'eau, en les y faisant bouillir à plusieurs reprises, 10 kilogrammes noix de galle en sorte et concassée; on ajoute au produit de cette décoction la quantité de liquide nécessaire pour former du tout environ 300 litres dans lesquels on dissout à chaud 16 kilogrammes d'alun, et l'on introduit cette liqueur chaude dans le foulard en la maintenant à la température d'environ 70 degrés pendant tout le temps qu'on fait passer les pièces dans ce bain. Cette quantité de liquide gallo-aluminique suffit presque pour mordancer la moitié de l'étoffe en traitement, c'est-à-dire 500 livres de coton. En sortant les pièces du foulard, on les suspend deux jours dans un étendage chauffé à la température de 45 degrés, et on les passe ensuite dans un bain de craie concentré et chauffé, en observant à cet égard tout ce que nous avons dit à l'occasion du bousage. Comme il y a sur la toile une forte proportion d'alun non décomposé, et dont la base n'y devient adhérente que par l'intervention des substances saturantes, si les pièces étaient plongées inégalement dans ce bain, il y aurait nécessairement, par suite des infiltrations et des coulages, des zones qui détruiraient tout le mérite d'un beau fond rouge. La fixation du mordant achevée, le tissu est lavé et se présente dans l'état ci-après. (Persoz, t. III, p. 194.)

Teinture. — La teinture se fait sur dix pièces à la fois avec des proportions de garance qui varient, suivant la largeur et la longueur de ces pièces, depuis 6, 7, 8, jusqu'à 9 kilogrammes pour chacune. Comme dans le procédé précédent, on divise la garance en deux parties égales. Celle qui doit servir au premier garançage ou retirage est délayée avec la quantité d'eau nécessaire, 15 à 1,800 litres, et l'on introduit les dix pièces dans ce bain tiédi, où on les maintient durant trois heures en élevant progressivement la température durant deux heures trois quarts pour arriver à l'ébullition, qu'on ne doit pas prolonger plus d'un quart d'heure. Au sortir de ce bain, le tissu est lavé, puis soumis à l'action des machines à nettoyer, rincé et desséché. (Échantillon 95, t. III, p. 195.)

Deuxième engallage ou *alunage.* — A la suite de ce premier garançage, on immerge de nouveau dans la préparation gallo alluminique, on dessèche et l'on fait passer en craie comme dans le premier engallage. (Échantillon 96, t. III, p. 195.)

Seconde teinture. — On donne cette teinture comme la précédente, en employant le restant de la garance, mais sans addition de craie, dont les pièces conservent une assez forte proportion. (Échantillon 97, t. III, p. 196.)

Premier avivage. — Ce premier avivage, de même que les suivants, se donne dans la chaudière close, remplie aux deux tiers d'une eau dans laquelle on fait dissoudre :

> Savon............................ 6 kilogrammes.
> Carbonate de potasse............. 1ᵏ.50

« On doit maintenir à l'ébullition durant huit heures. (Échantillon 98, t. III, p. 196.)

Deuxième avivage. — Il se donne avec :

> Savon........................... 6ᵏ.5
> Sel d'étain..................... 0ᵏ.375

Les pièces en sortent dans l'état ci-après. (Échantillon 99, t. III, p. 197.)

« *Troisième avivage*. — Il est le même que le précédent, le rouge est plus dépouillé, la nuance vire plus à la teinte feu. (Échantillon 100, t. III, p. 197.)

« Après ce troisième avivage, qui ne se donne qu'à des rouges corsés et vifs, on expose pendant quelque temps les pièces à l'air, et on leur donne même, avant cette exposition, un passage en son qui contribue à dépouiller la couleur et à en rehausser l'éclat; le rouge est alors terminé. (Échantillon 101, t. III, p. 198.)

Le procédé que nous venons d'indiquer a subi entre certaines mains quelques légères modifications; ainsi, comme une longue expérience a prouvé que l'huile se fixe mieux au tissu lorsque la dessiccation n'en est pas trop prompte, il est des fabricants qui, ne pouvant les exposer à l'air quand la saison n'est pas propice, entassent les pièces huilées dans un séchoir chauffé à 35 degrés, en ayant la précaution de les remuer de temps en temps pour qu'elles ne s'échauffent pas de manière à s'altérer. Une autre modification a été d'introduire dans le garançage, du sang de bœuf dans le rapport de 40 kilogrammes pour 100 de garance.

§ XXXIV

PROCÉDÉ DE M. FRIES DE GUEBWILLER (1846).

Huilage. — Le procédé suivant a été employé pendant longtemps et avec succès par M. Fries de Guebwiller, qui a eu l'obligeance de le communiquer à M. Persoz.

« Les calicots destinés à cette fabrication étaient lessivés à la chaux, passés en acide à 1 degré Baumé, dégorgés au clapeau, soumis à l'action d'une lessive de carbonate de soude (25 kilogrammes de soude pour 400 de lessive), et enfin dégorgés de nouveau et séchés.

« Pour le traitement de 100 pièces calicot trois quarts de 39 à 40 mètres (ou 3.900 mètres environ), on se servait de deux tonneaux A B, de 500 litres de capacité chacun. Dans le tonneau A on introduisait 400 litres d'eau tenant en dissolution 16°.5 de carbonate de potasse; dans le tonneau B; 87 kilogrammes huile tournante chauffée légèrement, quand on opérait en hiver, et à laquelle on ajoutait peu à peu, en remuant avec grand soin, la liqueur alcaline du tonneau A jusqu'à ce que l'huile formât une émulsion parfaite; alors on foulardait les pièces dans cette émulsion, et, pourvu que l'opération fût faite avec soin, la quantité de bain blanc formée était suffisante pour les cent pièces. Celles-ci étaient ensuite mises en tas jusqu'au lendemain, ou exposées sur le pré si le temps était beau; dans le cas contraire, séchées à l'étuve à une chaleur modérée qui ne possédait pas 40 degrés. En sortant de là elles étaient foulardées de nouveau dans un second bain blanc, exposées sur le pré, si le temps le permettait, sinon à l'étuve, qui cette fois était chauffée à 45 degrés.

« Ces deux bains blancs donnés, on réunissait dans le tonneau A ce qui restait du liquide du tonneau B, on le remplissait d'eau provenant du dégraissage, ou, à défaut, d'eau tenant en dissolution du carbonate de potasse marquant 2°.1/2 Baumé; on mattait à cinq ou six reprises dans cette espèce de bain blanc, en ayant soin d'exposer les pièces sur le pré après chacune de ces opérations, on desséchait à l'étuve en portant graduellement la chaleur à 1 degré plus élevé sans dépasser toutefois 50 degrés; après la dernière immersion, on maintenait à l'étuve, durant dix-huit à vingt-quatre heures, à une température comprise entre 40 et 50 degrés.

« *Dégraissage*. — En retirant les pièces de l'étuve. on les mettait dans un tonneau et on les arrosait de la quantité d'eau tiède (à 30 degrés) nécessaire pour les humecter; alors un ouvrier les foulardait avec des sabots sans clous, les renversait à trois ou quatre reprises pour multiplier les points de contact, et enfin les exprimait en recueillant soigneusement le liquide lactescent qui s'en écoulait (*eau de dégraissage*). Après cette opération, on les soumettait à l'action des machines à nettoyer, pour les dégorger, jusqu'à ce que l'eau en sortît parfaitement claire, puis on les desséchait pour leur donner l'engallage ou mordançage suivant :

« *Premier engallage*. — Dans 200 litres d'eau on épuisait par une ébullition de quatre heures, 25 kilogrammes de noix de galle; la décoction achevée, on laissait déposer la liqueur, on en prenait la partie claire à laquelle on ajoutait le volume d'eau nécessaire pour former 500 litres de décoction, et l'on y faisait dissoudre :

Alun épuré....... 50 kilogrammes.   +   Acétate de plomb...... 3ᵏ,5

« On plaquait les pièces, à la machine à foularder, dans cette décoction gallo-aluminique chaude, mais en ayant la précaution de ne pas donner une trop forte pression. Lorsqu'elles étaient ainsi chargées de mordant, on les exposait dans un séchoir tempéré où on les laissait en repos pendant trois jours, après lesquels on les passait dans un bain de craie à 30 degrés, opération qui se faisait dans un baquet sur quatre pièces à la fois, auxquelles on donnait quatre doubles tours, en employant pour les quatre premières pièces 2 kilogrammes de craie et seulement 1 kilogramme pour chacune des quatre autres. Toutefois, pour qu'il ne s'accumulât pas trop de craie dans le bain, on devait le renouveler après qu'on y avait passé vingt-quatre pièces. Au sortir du bain on dégorgeait aux roues.

« *Premier garançage.* — Pour huit pièces trois quarts de 39 à 40 mètres on employait :

Garance puluds............ 32 kilogrammes.
Sumac de Sicile.............. 2   —

« La température du bain de garance était dirigée de manière à atteindre, dans l'espace de deux heures et demie, l'ébullition à laquelle on le maintenait durant une heure, ce qui faisait trois heures et demie de teinture. Après le garançage, les pièces étaient rincées, dégorgées avec soin et séchées à l'air ou sur le pré.

« *Deuxième engallage ou alunage.* — On répétait exactement l'opération du premier engallage ; le mordant était le même, la seule précaution à prendre était de ne pas y faire passer les pièces à une température trop élevée ; on devait pouvoir tenir la main dans la solution sans en être incommodé. Alors on laissait reposer pendant trois jours, on passait en craie et l'on rinçait sans dégorger.

« *Second garançage.* — Il se donnait comme le précédent, puis on rinçait à l'eau courante.

Premier avivage. — Dans une chaudière close, contenant 1.500 litres d'eau, on faisait dissoudre :

Carbonate de potasse............ 8 kilogrammes.
Savon blanc.................... 2   —

« On mettait dans ce liquide dix pièces huilées et garancées, on les maintenait en ébullition durant cinq heures, et en les retirant on les rinçait à l'eau courante.

« *Deuxième avivage.* — Toujours dans la même chaudière close, on mettait avec la même quantité d'eau et le même nombre de pièces :

Savon....................... 8 kilogrammes.
Carbonate de potasse........... 1ᵏ,5
Sel d'étain................... 0ᵏ,500

« On portait à l'ébullition et l'on se maintenait à ce degré durant cinq ou six heures.

« *Troisième avivage.* — Dans la même quantité d'eau, on mettait seulement :

Savon....................... 4 kilogrammes.
Carbonate de potasse........... 0ᵏ,375
Sel d'étain................... 0ᵏ,375

« Après cinq heures d'ébullition, on lavait les pièces à la sortie de la chaudière close, on les dégorgeait aux machines à laver, et on les exposait sur le pré durant huit à dix jours, en les retournant trois ou quatre fois par jour.

« Quand les pièces qui avaient subi ces diverses opérations étaient destinées à être vendues en fond uni, on les faisait passer dans une eau légèrement acidulée d'acide chlorhydrique, puis on les rinçait.

« Lorsqu'il s'agissait d'aviver des toiles peu huilées, on ne leur donnait que deux avivages:

« Le premier avec :

Savon.........................	4 kilogrammes.
Carbonate de potasse............	2ᵏ.5

« Le second avec :

Savon........................	4ᵏ.5
Sel d'étain....................	0ᵏ.375

« Telle était la marche que l'on suivait et les doses d'ingrédients que l'on employait pour une première partie des pièces ; pour les suivantes, on diminuait la proportion d'huile, et en même temps celle du carbonate de potasse, attendu qu'on utilisait les eaux du dégraissage des opérations précédentes ; c'était donc :

Pour la 2ᵉ partie : Huile....................	16ᵏ.20	
— 3ᵉ — —	15 kilogrammes.	
— 4ᵉ — —	13	—

avec addition à l'eau du tonneau A, de 0ᵏ.100 de carbonate de potasse par chaque kilogramme d'huile introduite dans le tonneau B.

« Les deux derniers procédés que nous venons d'examiner ne diffèrent que par le degré de température auquel la dessiccation a lieu, par la quantité d'acétate de plomb ajoutée à l'alun pour le rendre plus apte à se fixer au tissu, enfin par l'addition de sumac au bain de garance. Ces différences cependant, toutes légères qu'elles paraissent, conduisent souvent, dans la pratique, à des résultats dont l'importance mérite d'être prise en considération. Du reste, si cette préparation essentiellement empirique du rouge turc s'est peu perfectionnée en France, c'est qu'à l'époque où cette couleur était en faveur, intéressé à produire de beaux rouges, on fabriquait sans s'inquiéter du prix de revient, sans chercher à réduire les proportions d'huile et de garance. Les choses ne pouvaient se passer ainsi dans un pays comme la Suisse où l'industrie n'est soutenue que par l'intelligence de celui qui l'exploite, encouragée que par les améliorations qu'il y introduit, et qui permettent à ses produits, malgré les conditions défavorables dans lesquelles il se trouve, de lutter partout avec ceux des autres pays, aussi bien sous le rapport de la qualité que sous celui du prix. De là la supériorité reconnue dont jouissent depuis une vingtaine d'années les rouges turcs de cette partie de l'Europe, et en même temps les bas prix auxquels ils se vendent, car, tandis qu'anciennement on employait pour teindre de beaux rouges une quantité d'huile au moins égale à la moitié du poids de coton et un poids de garance au moins double de celui de ce dernier, cette quantité, pour ce qui est de l'huile, se trouve aujourd'hui réduite au quart du même poids ; d'autre part, pour la garance, il est des fabricants qui n'en emploient que 100 kilogrammes pour teindre 108 kilogrammes de coton, et, cependant, les produits ne laissent rien à désirer, ainsi qu'on peut en juger par l'échantillon 102, p. 203. (Persoz.)

§ XXXV

PROCÉDÉ SUIVI EN SUISSE (1846).

« Le procédé suivi en Suisse n'est pas nouveau ; il n'est, dit M. Persoz, que l'application de plusieurs données éparses, et dont la réunion conduit à des résultats parfaitement satisfaisants. C'est, sans doute, à un procédé du même genre qu'Éberfeld doit la supériorité dont jouissent ses produits dans ce genre de fabrication.

« On donne les bains blancs à une température de 28 à 30 degrés, en ajoutant aux ingrédients que nous connaissons déjà, la bouse de vache en fermentation.

« Pour traiter une partie de 200 kilogrammes coton, on emploie :

Huile tournante...............................	13ᵏ.350
Dissolution de carbonate de potasse à 2ᵒ.5 Baumé.....	250 litres.
Bouse de vache fermentée et amenée à l'état de bouillie avec un peu d'urine du même animal............	62 —

« On délaie la bouse de vache dans 250 litres d'eau chauffée à 37 ou 38 degrés, on y mélange l'huile, puis on forme l'émulsion en ajoutant successivement au tout 20 litres dissolution de carbonate de potasse à 25 degrés Baumé. La température du liquide se trouvant alors ramenée au degré voulu, on procède au plaçage à la manière ordinaire.

« Les pièces sont introduites ensuite dans une espèce de caisse en bois de sapin où on les abandonne à elles-mêmes durant douze à dix-huit heures, afin de déterminer une fermentation qui s'établit souvent au point qu'il n'est pas rare de voir des myriades de vermisseaux se développer dans ce court espace de temps; on dessèche alors à l'air libre, et l'on expose durant huit à dix heures dans une étuve chauffée à 62 degrés.

« Après ce premier bain, on en donne un deuxième, un troisième et un quatrième, toujours fraîchement préparés, en ajoutant à ce résidu de chacun d'eux les doses indiquées plus haut, en sorte qu'après ces quatre huilages les 200 kilogrammes de coton on consommé :

Huile.	53^k.400
Dissolution de carbonate de potasse.	1,000 litres.
Bouse de vache	248 —

et à la suite de chaque bain, on expose les pièces d'abord à l'air libre, puis à l'étuve, à la température de 62 degrés.

Ces quatre huilages sont suivis de quatre autres, exécutés de la même manière, mais dans une eau tiède, tenant en suspension les résidus des quatre bains blancs primitifs et les *vieux bains* qui proviennent du dégraissage. Après chacune de ces immersions, on dessèche à l'air libre et l'on étuve comme après chaque passage en bain blanc, mais à des températures inférieures, qui doivent être de 60 degrés à la suite des cinquième et sixième passages, et de 56 degrés à la suite des septième et huitième, par lesquels on termine l'opération.

On procède alors au dégraissage, par les moyens indiqués précédemment, on recueille le vieux bain, et l'on nettoie les pièces aux roues à laver, d'où elles sortent pour être exprimées, puis desséchées à l'étuve à la température de 50 degrés.

Engallage. — L'engallage se donne aussi en deux fois; pour le premier, qui se fait sans addition d'alun, on fait bouillir pendant une heure dans 200 litres d'eau :

Noix de galle en sorte	7^k.4
Sumac de Sicile	6^k.4

Pour que cette décoction s'éclaircisse, on l'abandonne à elle-même durant vingt-quatre heures, après l'avoir passée au tamis; puis on la décante, on la chauffe à 44 degrés, et l'on y matte les pièces, qu'on dessèche à l'air libre, et qu'on étuve ensuite à la température de 50 degrés.

Le second engallage se fait exactement de la même manière que le premier, si ce n'est qu'on retranche le sumac et qu'on y ajoute de l'alun.

Dans 200 litres d'eau chauffée à 46 degrés on fait dissoudre :

Alun épuré	21^k.350

que l'on sature par

Solution de carbonate de potasse à 25 degrés Baumé	3^k.5

Après avoir passé les pièces dans ce bain, on les exprime, on les laisse en tas durant six heures, on les introduit dans l'étuve chauffée à 27 degrés, sans courant d'air, afin de les dessécher; puis on les *évente* durant trois jours, et on les met dans l'étuve chauffée à 50 degrés. Alors, comme l'alun n'est qu'en partie saturé, on les plonge dans un bain de craie, élevé à la température de 50 degrés, en employant pour 20 kilogrammes de toile 2^k.6 de craie. Rincé et séché au sortir de ce bain, le tissu est préparé pour la teinture.

On teint en une seule fois, en prenant pour 20 kilogrammes de tissus :

Garance Paluds.	20 à 30 kilogrammes.
Sumac.	2^k.750
Sang de bœuf.	17 litres.

On élève progressivement la température du bain durant deux heures et demie, on le maintient à l'ébullition pendant une demi-heure; puis, rinçant les pièces, on les soumet à deux avivages, qu'elles reçoivent dans la chaudière close, où on les fait bouillir durant six heures, savoir :

Pour le premier, avec :

Savon.............................	5 kilogrammes.
Carbonate de potasse............	3 —
Chlorure stanneux................	0ᵏ,200.

Pour le second, avec :

Savon.............................	5 kilogrammes.
Chlorure stanneux................	0ᵏ,200.
Acide azotique....................	0ᵏ,130.

A la suite de ces avivages, on expose sur le pré durant deux à trois jours, puis on fait passer en son bouillant.

Ce procédé se distingue essentiellement des précédents, en ce que toutes les opérations tendent à y provoquer une fermentation entre les diverses substances qui se trouvent en présence et y déterminer la métamorphose d'un corps gras. Tout en reconnaissant la nécessité d'atteindre un certain degré de chaleur, l'auteur a très-bien compris l'importance de favoriser ici l'action de l'air. Cette action s'exerce d'autant mieux sur le coton ainsi traité que ce tissu renferme une certaine quantité d'eau, tandis qu'une dessiccation trop brusque le soustrait à l'influence de l'agent qui est appelé à jouer le rôle principal dans la réaction. C'est sans doute par ce motif que les étuvages sont toujours précédés d'exposition à l'air libre, qui ne donne lieu qu'à une dessiccation lente.

§ XXXVI

Troisième Section.

PROCÉDÉS RAPIDES

Les divers procédés que nous venons de décrire sont ceux généralement suivis; plus rapides que les procédés indiens et orientaux d'où ils dérivent, ils sont encore composés d'une série d'opérations longues et dispendieuses.

Quelques fabricants, notamment M. Steiner (de Manchester), M. Gastard, J. Mercier et J. Greenwood. Bernard (de Mulhouse), Alfred Bance (de Paris), Cordier (de Bapeaume), sont parvenus, surtout ce dernier, à abréger beaucoup la durée des opérations et à rendre le procédé beaucoup plus économique au double point de vue du temps et du prix de revient, tout en produisant des nuances supérieures.

Nous avons vu que déjà J.-B. Hausmann, en 1792, avait sérieusement tenté de modifier le procédé des Orientaux, en foulardant en bain blanc monté avec de l'huile d'olive et de l'*aluminate de soude*, ce qui permettait d'obtenir simultanément l'huilage et le mordançage.

Parmi les diverses théories émises pour expliquer la fixité du rouge turc, celle basée sur l'oxydation de la matière grasse rallia un certain nombre de savants et de praticiens, et donna naissance aux procédés dont nous venons de nommer les auteurs.

D'autre part, sur cette idée de l'oxydation est venue se greffer l'étude des huiles tournantes, et la découverte d'acides gras contenus naturellement dans ces huiles amena l'emploi d'huiles tournantes, acidifiées artificiellement par les acides oléique, sulfo-oléique, etc., auxquels principes on a fait jouer un rôle dans la « modification mystérieuse du corps gras ».

Nous ferons d'abord connaître les expériences de M. Ed. Schwartz qui, d'ailleurs, précèdent l'application des procédés Steiner, Gastard et autres.

§ XXXVII

EXPÉRIENCES DE M. ED. SCHWARTZ (1)

On doit à cet habile chimiste des expériences intéressantes qui se rattachent au sujet qui nous occupe et qui ont été faites en vue de jeter du jour sur l'huilage des toiles de coton, et particulièrement sur les deux questions suivantes :

1° Les alcalis sont-ils indispensables dans la composition du bain blanc?

2° Est-il possible d'abréger les opérations de l'huilage et de remplacer l'action de l'air et de la chaleur par celle d'agents plus énergiques, capables de produire une réaction plus ou moins instantanée?

En ce qui touche la première question, M. Ed. Schwartz reconnaît la nécessité d'employer un carbonate alcalin à base de potasse, de soude ou d'ammoniaque, par la raison qu'ayant rendu de l'huile émulsive, d'une part, avec un jaune d'œuf, d'un autre, avec de la gomme arabique, et imprégné de chacune de ces émulsions un morceau de calicot, il n'obtient sur ces échantillons désséchés, puis traités comme s'il eût opéré avec des bains blancs, et enfin mordancés, teints et avivés, qu'un rose sale *complétement manqué*.

Quant à la seconde question, après avoir traité l'huile tournante :

1° Par une solution de carbonate de potasse concentré, à la température où ce mélange prend tous les caractères de l'huile modifiée sur le tissu ;

2° Par l'acide azotique chauffé jusqu'à ce qu'il ne se dégage plus de vapeur rouge ;

3° Par une solution de chlorure de chaux à 8° Baumé ;

4° Par le bicarbonate de potasse,

Il a constaté que le corps gras, modifié par tous ces agents oxydants, fixé sur des échantillons de calicot, mordancés, teints et avivés, n'engendre qu'un rouge beaucoup moins vif que celui qu'on obtient par le procédé ordinaire.

Les expériences de M. Ed. Schwartz l'ont même conduit à admettre que le corps gras doit se modifier à la surface du tissu pour s'y fixer, opinion que M. Persoz ne partage pas (voir ses considérations théoriques).

« Convaincu de la vérité du principe, il a dû, dit-il, renoncer à former d'avance la matière grasse en question, et a songé à la produire sur le coton même, mais dans un plus petit espace de temps et avec une moindre dépense de combustible; il a donc composé un bain blanc avec :

Huile tournante	4 parties.
Potasse	1 —
Eau	16 —

« Le coupon mi-blanc, imprégné du mélange, a été roulé autour d'un tuyau dans lequel circulait de la vapeur; après deux heures d'exposition à cette chaleur de 110° centigrades, il a trempé de nouveau, séché de même que la première fois, lavé, mordancé, teint et avivé. La couleur était belle, mais le coton s'était affaibli par la grande chaleur.

« Pour obvier à cet inconvénient, il a remplacé la potasse du commerce par le bicarbonate et procédé tout à fait de la même manière : alors il n'y a plus eu d'affaiblissement et la couleur était tout aussi belle. — Enfin, il a remplacé le bicarbonate de potasse par le bicarbonate d'ammoniaque, et, même dans ce cas, le résultat a été tout aussi satisfaisant.

« Comme ces derniers essais n'ont pas été faits en grand, on ne peut pas dire si l'un ou l'autre de ces deux derniers procédés serait avantageux comparativement à l'ancienne méthode; mais il y a tout lieu de croire qu'il réussirait. En attendant il est permis de hasarder la supposition que, si un carbonate alcalin est nécessaire pour la formation et la fixation du

---

(1) Les expériences de M. Ed. Schwartz sont consignées dans le *Bulletin de la Société industrielle de Mulhouse*, et dans le *Traité de l'impression des tissus*, de Persoz père, t. III, p. 179.

principe gras sur le coton, l'acide carbonique paraît y être pour quelque chose, et que la base alcaline pourrait même être une condition moins importante que ce dernier agent. »

§ XXXVIII

PROCÉDÉ DE M. STEINER

Quelques années avant l'apparition de l'ouvrage de M. Persoz (avant 1846), M. Steiner exploitait en Angleterre (à Manchester) et à Ribeauvillé (Haut-Rhin), dans un établissement dirigé par son neveu, ancien élève de M. Chevreul, un procédé de son invention, dont les produits jouissaient à cette époque et jouissent encore d'une grande supériorité sous le triple rapport de l'économie, de la vivacité, de la couleur et de la régularité de la fabrication. (Voir l'échantillon dans l'ouvrage de M. Persoz, t. III, p 207.)

Il paraîtrait, dit M. Schützenberger. que dans la méthode, restée secrète, de M. Steiner, « la pièce, préparée en carbonate alcalin, passe dans de l'huile, puis entre deux pièces semblables et un laminoir, enfin, qu'elle est soumise à l'action d'une température suffisamment élevée et dans des conditions convenables, pour que « l'oxydation » ou « l'altération » se fasse vite et en une fois.

§ XXXIX

PROCÉDÉ DE M. GASTARD

M. Gastard, auquel on doit l'application directe de la matière colorante de la garance, a proposé et appliqué un procédé fournissant, au dire de M. Persoz, de très-beaux résultats.

Guidé par l'idée préconçue de favoriser l'oxydation de la matière grasse (1), M. Gastard fait suivre chaque passage en bain blanc d'une exposition a l'air, d'un séchage à l'étuve chaude et d'un passage en acide nitrique faible, à 1° Baumé, et enfin d'une dessiccation à l'air.

Nous donnons d'ailleurs ci-après le procédé de M. Gastard, tel qu'il est décrit par M. Persoz.

Préparation des toiles. — Après avoir laissé séjourner les pièces durant vingt-quatre heures dans une eau chauffée à 20 ou 25 degrés, on les foule, on les fait bouillir durant quatre heures dans une eau contenant 300 à 320 litres de vieux bain blanc, et on les abandonne dans une chaudière jusqu'au lendemain; on les foule alors de nouveau, on les rince deux fois et on les sèche.

Le bain blanc se compose, pour soixante pièces du poids de 106 à 109 kilogrammes de coton, de

Huile tournante, ...	3ᵏ.5
Crottin de mouton ou de bouse de vache..........	12 litres.

Huilage. — On incorpore peu à peu à ces substances une solution de carbonate de potasse à 4° Baumé, à l'effet de produire une émulsion parfaite et suffisante, pour imprégner la totalité du tissu. On matte les pièces dans cette émulsion, on les expose à l'air, au soleil, si le temps le permet; dans le cas contraire, on les pend au crochet.

Quand la dessiccation touche à son terme, on les introduit pour quatre ou cinq heures dans le séchoir chauffé à 65 ou 70 degrés; lorsqu'elles sortent du séchoir, on les foularde à deux reprises dans une eau acidulée d'acide azotique marquant 1°.5 Baumé, et on les sèche à l'air, mais non plus dans le séchoir chaud, où elles seraient inévitablement brûlées; on leur donne ensuite :

1° Un deuxième bain blanc semblable au premier, suivi d'une exposition à l'air et d'un étuvage dans le séchoir chaud;

---

(1) M. Gastard oxyde sur le tissu l'huile tournante animalisée, mais n'est-ce pas la matière albumineuse qui est oxydée, et qui, à cet état, a une autre affinité, ou une affinité plus grande pour les matières colorantes rouge et jaune de la garance, que l'albumine non oxydée?

2° Un deuxième passage en acide azotique à 1° Baumé, suivi d'une dessiccation à l'air libre ;

3° Un troisième bain semblable au premier, également suivi d'une exposition à l'air et d'un étuvage ;

4° Un troisième passage en acide azotique à 1°.5 Baumé, suivi d'une dessiccation à l'air libre ;

5° Un quatrième bain blanc, semblable au premier, suivi d'une exposition à l'air et d'un étuvage à la température de 65 à 70 degrés ;

6° Enfin, un quatrième et dernier passage en acide, auquel succède une dessiccation à l'air libre.

Pour les deux derniers huilages, on peut se passer de bouse ou de crottin.

Dégraissage. — Après toutes ces opérations, on passe les pièces dans une solution de carbonate de potasse à 4°.5 Baumé ; on les exprime pour en recueillir le vieux bain blanc ; on les dessèche à l'air, on les laisse tremper dans l'eau durant deux heures, puis on les rince et on les sèche à deux reprises.

Engallage. — On donne aussi l'engallage en deux fois ; la première, dans une décoction parfaitement claire de 15 kilogrammes de sumac de Sicile ; la seconde, dans une décoction de noix de galle.

Ces deux passages, qui s'effectuent à chaud, sont suivis l'un et l'autre d'une dessiccation.

Premier alunage. — Dans la quantité d'eau nécessaire pour imprégner ces 109 kilogrammes de coton, on fait dissoudre :

Alun.. 12ᵏ.2

et l'on ajoute :

Acétate de plomb............................... 0ᵏ.750
Solution de carbonate de potasse à 4° Baumé........ 20 litres.

On plaque les pièces presque à froid dans cette liqueur éclaircie par le repos et qui doit marquer 4° Baumé, puis on les tasse. On les laisse dans cet état durant douze à quinze heures, on les dessèche, on les met ensuite tremper dans l'eau durant quatre heures, et on les rince à deux reprises à l'eau courante.

Premier garançage. — Pour garancer la sixième partie de la quantité d'étoffe indiquée, dix pièces environ, on emploie :

Garance... 17 kilogrammes.
Sang de bœuf...................................... 10 à 12 litres.
Sumac... 2ᵏ à 3.ᵏ5

et on teint en montant au bouillon en trois heures.

Au sortir de ce bain, les pièces sont lavées, dégorgées et séchées.

Deuxième alunage. — Cet alunage est semblable au premier ; on manœuvre les pièces de la même manière : seulement, quand elles sont desséchées, on les passe à la température de 60 degrés dans un bain de bouse de vache chargé de craie, puis on les rince.

Second garançage. — Il est semblable au premier.

Premier avivage. — Pour trente pièces ou 53 à 55 kilogrammes du tissu en ouvrage, on verse dans une chaudière d'une capacité convenable, remplie à moitié d'eau, 5 à 6 kilogrammes de carbonate de potasse et 300 à 320 litres de vieux bain blanc ; on fait bouillir quatre à cinq heures, et on laisse les pièces dans la chaudière jusqu'au lendemain ; on les en retire alors pour les rincer, les battre, et enfin les étendre sur le pré, où elles restent exposées durant quatre à cinq jours, selon le développement de la couleur.

Deuxième avivage. — On verse dans la chaudière à aviver, avec la quantité d'eau convenable, le produit de la décoction de 1 kilogramme de son; quand le liquide est en pleine ébullition, on y verse une solution de 7ᵏ.5 de savon de Marseille, et ensuite, peu à peu, par petites portions et en remuant bien, une solution de 500 grammes de chlorure stanneux dans 4 litres d'eau acidulée par 250 grammes d'acide chlorhydrique et 40 à 60 grammes d'acide azotique, selon que l'on désire donner au tissu une teinte plus ou moins écarlate. C'est à ce moment qu'on introduit dans la chaudière les pièces préalablement mouillées; on les y fait bouillir durant une heure, et on les y laisse jusqu'au lendemain.

Si la craie ne figure pour ainsi dire pas parmi les agents qui font partie de ce procédé, c'est sans doute que les eaux qu'employait M. Gastard, lorsqu'il en faisait l'application, étaient essentiellement calcaires. Du reste, la consommation de l'huile est ici extrêmement réduite, puisque 14 kilogrammes de ce corps suffisent pour l'huilage de 100 kilogrammes de coton, et ce qui est surtout digne d'intérêt, c'est que malgré la moindre quantité de corps gras, les produits obtenus peuvent supporter la comparaison avec le plus bel échantillon de rouge turc de M. Steiner.

§ XL.

PROCÉDÉ DE MM. J. MERCIER ET J. GREENWOOD (1847) (1)

Les perfectionnements apportés par ces industriels dans les procédés de teinture en rouge turc se divisent en cinq parties.

La première est relative à la préparation de l'huile et à son application aux étoffes, toiles ou tissus, dans la teinture et l'impression en rouge d'Andrinople.

L'huile dont ils se servent de préférence est celle d'olives, quoique les autres huiles végétales, traités par les procédés de ces Messieurs, produisent un semblable effet; mais l'emploi de ces dernières ne paraît pas, disent-ils, aussi avantageux.

Nous décrirons dans la deuxième section de la troisième partie de notre travail les divers procédés de MM. Mercier et Greenwood, pour la préparation d'*huiles sulfatées oxydées* et d'*huiles oxydées* destinées, dans leur nouvelle méthode, à remplacer les huiles tournantes.

« Les huiles une fois préparées, on s'en sert dans la teinture et l'impression en rouge turc, et, à cet effet, on prend 2 litres des huiles sulfatées oxydées et 2 litres d'huile oxydée, et on y ajoute 54 litres d'une dissolution de potasse perlasse (carbonate de potasse) marquant 2 degrés à l'hydromètre de Twaddle (2) (densité 1.010). Les étoffes ou les tissus doivent être imprégnés à quatre reprises différentes avec cette liqueur huileuse, et séchés chaque fois dans une étuve à courant d'air. Ces tissus sont ensuite imprégnés deux fois d'une liqueur de perlasse marquant 6° de Twaddle (densité 1.030), séchés dans une étuve après chaque imprégnation, en terminant la dessiccation à une température de 80 degrés soutenus pendant trois heures. Ces tissus sont alors passés dans une nouvelle liqueur de perlasse, marquant 1° de Twaddle (densité 1.005), rincés à l'eau et séchés à peu près à 60 degrés. En cet état ils sont propres à recevoir les mordants ordinaires, et à subir les opérations consécutives de la teinture. »

§ XLI

La seconde partie est relative à un perfectionnement apporté dans l'application de l'huile aux étoffes ou tissus, qu'on oxyde ensuite pour les soumettre à la teinture et à l'impression en rouge turc.

---

(1) Intitulé : *Perfectionnements dans la teinture et l'impression en rouge turc et autres couleurs*. (*Le Technologiste*, mai, 1847, t. VIII, p. 340.)

(2) L'hydromètre ou aréomètre de Twaddle sert en Angleterre pour mesurer la densité des liquides plus lourds que l'eau. — Au dire du professeur Bolley, de Zurich, cet instrument serait bien préférable à ceux de Baumé, de Cartier, de Beck, et mériterait d'être plus connu et qu'on en propage l'emploi.

« On prend 1 litre d'une dissolution de carbonate de potasse, ou de potasse caustique, ou de soude, à 70° de l'hydromètre de Twaddle (densité = 1.350), et, mieux encore, de parties égales de carbonate et d'alcali caustique, et on chauffe jusqu'à ce qu'il ne se dégage plus de vapeurs aqueuses. Au résidu, on ajoute 9 litres d'huile d'olive, et on chauffe le mélange jusque vers 150° centigrades, et on le maintient à cette température jusqu'à ce que l'huile ait dissous toute la potasse, après toutefois qu'on en a chassé, par la chaleur, l'humidité et l'acide carbonique, circonstance qui est indiquée par la disparition de toute effervescence à la surface, et lorsque le mélange fondu est devenu limpide. On le laisse alors refroidir au-dessous de 100 degrés, et on y ajoute 9 litres d'eau. Nous ferons remarquer en passant qu'on accélère l'opération en découvrant les écumes dès qu'elles commencent à se montrer, et en les rendant vers la fin.

« Cette huile, ainsi préparée, est appliquée aux étoffes et aux tissus, et oxydée à la manière ordinaire, mais mieux par les procédés d'oxydation que nous décrirons ci-après.

« Quand on veut faire l'application de cette huile préparée (et qu'on pourrait appeler huile alcaline) à l'impression, on se sert des cylindres piqués ou des cylindres gravés des imprimeurs en toiles peintes, et on sèche les tissus de la même manière que dans cette sorte de fabrication. Ces tissus sont alors immergés dans une dissolution de perlasse marquant 6° Twaddle (densité = 1.030), on sèche à l'étuve, et on termine la dessication à une température d'environ 80 degrés, soutenue pendant trois heures. On rince alors dans une dissolution de perlasse de 1° de Twaddle (densité = 1.005), on dégorge à l'eau pure, et on sèche à 60 degrés, après quoi les tissus sont prêts à recevoir les mordants et subir les opérations consécutives.

« Quand on veut employer l'huile à imprégner des étoffes ou des tissus pour remplacer les anciens procédés d'huilage, on prend 9 litres de ce mélange huileux, on le mêle à 45 litres de liqueur perlasse de 1° Twaddle, et on imprègne de liqueur trois à quatre fois en séchant à l'étuve après chaque imprégnation. Les tissus sont alors oxydés par un des procédés qui vont être décrits, après quoi on opère exactement ainsi qu'il a été dit ci-dessus.

« Ou bien on emploie l'huile sulfatée A, et on mélange 4 litres 1/2 de cette huile à 40 litres de liqueur perlasse, marquant 2° Twaddle ; puis on en imprègne les tissus trois à quatre fois, en séchant à chaque fois à l'étuve ou chambre chaude, et on procède exactement comme on vient de le dire. Dans tous les cas, il vaut mieux combiner l'huile sulfatée A à l'huile préparée ci-dessus décrite, en quantités égales. »

§ XLII

La troisième partie des perfectionnements de MM. Mercier et Greenwood a rapport à un mode d'oxydation des tissus qui ont été huilés par les moyens pratiqués jusqu'à présent, ou préparés avec les huiles, suivant les procédés décrits dans la seconde partie.

« Un de ces modes d'oxydation consiste dans l'emploi d'une chambre à oxyder qu'on fera bien de construire en pierre. On suspend les tissus dans une chambre close, et dans laquelle on fait arriver une vapeur oxydante. A cet effet, on prend 9 litres de solution de chlorure de chaux à 8° Twaddle (densité = 1.045) par chaque litre d'huile renfermée dans les toiles, et à cette solution on ajoute 300 grammes de chlorhydrate d'ammoniaque dissous dans un litre d'eau chaude. On dépose des matières, versées dans un vase convenable, pourvu d'un tuyau, dans la chambre; on clôt le vase et on le chauffe à 65 degrés; les vapeurs qui s'en échappent se répandent dans cette chambre et oxydent les tissus. Nous avons remarqué que l'eau en vapeur favorisait le procédé, et, en conséquence, il faut avoir soin que le plancher de la chambre soit humide, ou bien on y introduit de la vapeur, mais en quantité telle que les toiles n'en soient pas rendues humides. L'opération, dans ce procédé d'oxydation, exige environ six heures.

« Un autre mode d'oxydation des tissus consiste à employer l'air atmosphérique et la vapeur d'eau, soit simultanément, soit en les mettant alternativement en contact avec les toiles. L'opération s'exécute dans une chambre semblable à celle décrite ci-dessus, et en ménageant un évent pour l'évacuation de l'air et de la vapeur.

« Ce qu'il y a peut être de mieux pour opérer cette oxydation, c'est d'employer des cylindres ou des rouleaux perforés, semblables à ceux des imprimeurs en toile peintes, et à enrouler dessus huit à dix pièces de tissus; puis, à l'aide d'un ventilateur, ou de tout autre appareil de soufflerie, à passer de l'air à travers un appareil approprié de chauffage, de manière à le chauffer de 70 à 90 degrés; puis lui faire traverser l'intérieur de ces cylindres ou rouleaux, de manière à ce qu'il pénètre et s'échappe à travers les tissus dont ceux-ci sont recouverts. Ce flux d'air chaud est entretenu pendant dix minutes, après quoi on fait arriver dans l'intérieur des cylindres de la vapeur d'eau pendant dix autres minutes, puis de l'air chauffé, et ainsi de suite pendant deux heures. Les étoffes ou les tissus oxydés par l'un ou l'autre de ces moyens sont alors imprégnés de liqueur à 6° Twaddle (1.030), comme on a dit ci-dessus.

« Nous ferons remarquer, relativement à cette opération, qu'indépendamment de l'oxydation des toiles qui ont été traitées par l'huile pour la teinture ou l'impression en rouge turc, on peut appliquer les moyens qui viennent d'être décrits à l'oxydation des tissus dans les procédés de teinture et d'impression en d'autres couleurs, dans le cas où l'oxydation est nécessaire. »

§ XLIII

La quatrième partie des perfectionnements des auteurs concerne la préparation d'une huile pour imprimer les tissus au bloc ou à la machine.

« A cet effet, nous proposons de prendre 4 litres $^1/_2$ de l'huile sulfatée A, ou parties égales de cette huile sulfatée A et de chacune des huiles oxydées ci-dessus décrites, 9 litres de la liqueur rouge des imprimeurs en calicot à 18° Twaddle (densité = 1.090), et 1 litre d'une liqueur de perlasse marquant 64° Twaddle (densité = 1.320); puis de mélanger moitié de la liqueur perlasse avec la liqueur rouge, et autant de cette liqueur rouge à l'huile que celle-ci peut en prendre; quand cette huile en paraît saturée, on ajoute le reste de la liqueur perlasse au mélange, et enfin le reste de la liqueur rouge par portions à la fois. Lorsque le mélange ne peut plus en prendre davantage, on y ajoute 1 litre d'essence de térébenthine. Ce mélange a la consistance convenable pour l'impression, et on s'en sert au bloc ou à la machine. Cela fait, on suspend les tissus dans une chambre chaude pendant deux ou trois jours, puis on procède au bousage dans un mélange de bouse de vache et de sumac, d'avelanède (1) ou de quercitron, à 80 degrés, comme d'habitude. — Les tissus sont alors dégorgés, teints au quercitron, puis exposés sur le pré pendant trois à quatre jours. Alors on les fait sécher à une température de 40 degrés, puis on passe en teinture au bain de garance et au quercitron. — On dégorge, comme pour le rouge turc, excepté qu'on ne se sert pas d'alcali avec le savon, et on avive dans un mélange de savon et de liqueur d'étain à la manière ordinaire. »

§ XLIV

La cinquième partie qui complète les perfectionnements de MM. Mercier et Greenwood consiste dans l'emploi de silicates alcalins, en remplacement des mordants huileux décrits ci-dessus.

« On prend, disent-ils, un silicate de potasse ou de soude en faisant fondre 1 kilogramme de silice ou de caillou en poudre avec 1 kilogramme $^1/_2$ de perlasse, et on fait dissoudre dans l'eau. On peut préparer aussi une solution d'acide silicique marquant 12° Twaddle (densité = 1.060), en ajoutant à 4 litres $^1/_2$ de ce silicate de potasse ou de soude, 2 décilitres $^1/_2$ d'acide

---

(1) *Avelanède*, ou *gallons du Levant* (ou *Vallonée*). — *Ackerdoppen* ou *Orientalische Knoppern*. — Cupules du fruit du *Quercus œgilops* (chêne *Vallonea*). — (*Cupulifères*). — Pays de production : Archipel grec, Asie-Mineure, Levant, Italie, sud de la France (*Schützenberger*). — Du sud-est de l'Europe et de l'Orient, surtout de Smyrne et de la Morée. — 35 à 38 pour 100 de tanin. Smyrne en exporta, en 1870, 27,000 tonneaux; l'Angleterre en importa, en 1870, 25,781 tonneaux ; en février 1872, 6,300 tonneaux (Bernardin).

sulfurique à 68° Twaddle (densité = 1.340, mélangé à 7 décilitres ½ d'acide acétique à 8 ou 9° Twaddle (densité = 1.040-1.045). On forme ainsi une solution claire qui se conserve huit à dix jours avant de devenir gélatineuse. — On imprègne les tissus de silicate alcalin en les y plongeant et les faisant sécher, puis on les passe dans une liqueur composée avec 20 à 25 grammes de chlorhydrate d'ammoniaque par chaque litre d'eau; on lave à l'eau pure, après quoi les tissus sont propres à être mordancés, ou bien quand on se sert de l'acide silicique, ces tissus en sont imprégnés, éventés pendant un jour, et tout prêts alors à recevoir le mordant ou les couleurs-vapeur. »

§ XLV

PROCÉDÉ DE M. BERNARD, DE MULHOUSE (1867)

M. Bernard a réussi, au moyen d'une huile oxygénée par le chlorate de potasse, à abréger la durée de l'opération de la teinture en rouge turc de quarante-huit heures, sans que les couleurs ainsi obtenues diffèrent en quoi que ce soit par leurs propriétés de celles du rouge turc ordinaire.

L'huile préparée par le moyen que nous indiquerons plus loin peut servir directement à imprégner les fils ou les tissus; on peut également en faire usage pour préparer avec les alcalis des bains blancs. Après l'imprégnation, on expose les fils ou tissus pendant douze heures à une température de 62 à 63° centigrades; on les dégraisse, les alune, le teint et les avive absolument comme dans le procédé ancien.

§ XLVI

PROCÉDÉ DE M. CORDIER, DE BAPAUME (1867)

A l'Exposition universelle de 1867, classe 43, on remarquait des tissus teints en rouge turc, par M. A. Cordier, de Bapaume-lez-Rouen, qui se distinguaient par la beauté et l'intensité de la couleur et qui avaient été teints par une méthode accélérée dont M. Cordier a désiré conserver le secret.

« M. Cordier a affirmé au Jury que ces tissus avaient été teints en cinq jours, et pour démontrer la vérité de cette assertion, il a proposé qu'on lui donnât des tissus de coton en blanc, qu'on marquerait d'un cachet, et qu'à partir du jour de la livraison il les renverrait teints en rouge, au bout de cinq jours. — On lui a donc adressé de Paris plusieurs pièces de calicot frappées d'une estampille particulière, et, le sixième jour, le tout était remis dans les mains du Jury.

« On croit avoir remarqué que dans les étoffes teintes par M. Cordier, on ne pouvait pas parvenir à constater la moindre trace d'huile, soit par l'odorat, soit en pressant entre des doubles de papier buvard; enfin, on a observé que le rouge cédait fort bien aux rongeants, ainsi qu'il était facile de le voir à l'inspection des tissus exposés (1) ».

§ XLVII

PROCÉDÉ DE M. ALFRED RANCE, DE PARIS (2)

« Dans les procédés actuellement en usage en France, dit M. A. Rance, et dans les autres

---

(1) *Le Technologiste*, 1867-1868, t. XIX, p. 465.

(2) Quoique ce procédé soit indiqué comme venant de Paris, sa description a été extraite d'un journal allemand, *Deutsche industriezeitung*, 1868, n° 3, par M. Mallepeyre, pour le *Technologiste* d'où nous le procédons à notre tour, t. 19, p. 461. — On reconnaîtra bien vite que ce procédé émane d'un praticien très-compétent dans cette fabrication, aussi reproduisons-nous textuellement les préliminaires dont il fait précéder la description de ses procédés.

pays pour la teinture en rouge turc, les fils et les tissus sont soumis aux opérations préparatoires suivantes :

« 1° *Décreusage*;

« 2° *Bains d'huile*;

« 3° *Dégraissage*;

« 4° *Engallage*;

« 5° *Alunage*;

« 6° *Fixage*; puis, bien entendu, *garançage* et *avivage*.

« Le décreusage s'opère en soumettant les fils ou les tissus dans un vase fermé et sous une pression de 2 à 3 atmosphères à l'action du bain chaud de dégraissage ou d'une lessive alcaline marquant 2° Baumé pendant sept à huit heures, faisant égoutter, lavant dans l'eau courante, essorant au centrifuge, puis séchant à l'air, et enfin dans une étuve à 50° centigrades.

« Le bain d'huile, ou bain blanc, se prépare, pour 200 kilogrammes de coton, avec 15 kilogrammes d'huile tournante, 50 kilogrammes de fiente de vache ou de mouton, et 200 à 300 litres d'une solution chaude a 35° centigrades d'un carbonate alcalin marquant 2°.5 Baumé. — Quelques teinturiers ajoutent encore à ce bain un peu de glycérine, afin, disent-ils, d'obtenir des nuances plus uniformes. C'est dans ce bain, bien battu, qu'on intro-duit les fils ou tissus, jusqu'à ce qu'ils soient bien imbibés, puis on les presse soigneusement et on les range couche par couche dans une cuve qu'on maintient à 35° centigrades. Il se dé-veloppe bientôt de la chaleur, et au bout de douze à dix-huit heures, quand celle-ci a bien marché, on enlève le fil ou le tissu, on le fait sécher à l'air et on l'expose pendant quelques heures à une température de 60 à 70° centigrades.

« Ce procédé est répété trois à quatre fois, et, dans ces opérations, on dépense pour 200 kilogrammes de coton 45 à 60 kilogrammes d'huile tournante. Après ces bains, on traite ces fils ou tissus trois ou quatre fois par des lessives faibles, auxquelles on ajoute les résidus du bain blanc, et entre chaque traitement par les lessives, on fait sécher comme on l'a expliqué.

« Pour se débarrasser de l'huile qui n'est pas combinée, on dispose les fils ou tissus pen-dant cinq à six heures dans une chaudière avec de l'eau à 20 ou 22° centigrades; on laisse égoutter, on lave à l'eau courante, on essore au centrifuge et on fait sécher comme à l'ordi-naire. Le reste du bain dans la chaudière sert au premier décreusage des fils ou tissus.

« Pour l'engallage, on prend, suivant l'intensité du rouge, pour 20 kilogrammes de coton, de 12 à 20 kilogrammes de noix de galle, qu'on remplace parfois par le *dividivi*(1) et autant de *sumac de France* (2); on fait bouillir pendant environ deux heures avec la quantité d'eau nécessaire, on passe la solution à travers une toile, et on y plonge les fils ou tissus dégraissés, aussitôt qu'elle est suffisamment refroidie. Les fils ou tissus extraits du bain sont tordus, séchés au soleil, puis dans une étuve à 60° centigrades.

« Pour l'alunage, on dissout le double en poids d'alun de celui de la noix de galle employée, dans environ 250 litres d'eau à 50° centigrades ; on ajoute peu à peu la quantité de craie en poudre fine ou de soude nécessaire pour décomposer l'alun, on tire la liqueur au clair, on la refroidit jusqu'à ce qu'elle ne soit plus tiède, et on introduit le coton dans ce bain; après l'en avoir retiré, on le tord, on l'empile pendant douze à quinze heures, on le fait sécher à l'air, puis dans une étuve à 50° centigrades.

« Enfin, pour le fixage, on introduit le coton pendant quelques minutes dans un bain de

(1) *Divi-divi*, ou *Libi-divi*, ou *Libidibi*. — Gousses du *Cæsalpinia coriaria*, fam. des Papilionacées. — Pro-venances : Amérique du sud, Amérique centrale ; — 30 à 35 pour 100 de tannin. — Donne lieu à un com-merce important ; en 1569 on en importa 22,000 tonneaux en Angleterre; en 1870, 20,000 tonneaux. — Le Divi-divi est employé dans le Honduras pour la fabrication d'une encre appelée *Nacascolo*. — Il se vend en Angleterre 12 livres sterling par tonneau (Bernardin).

(2) Feuilles et panicules florales du *Coriaria myrtifolia* (fam. des Coriariées) appelé aussi *Redoul, Redon, Sumac français*. — Provenance : Midi de la France (Bernardin). — *Fauvis*, — *Donsère*, — *Pudis* (Schützen-berger).

craie chauffé à 50 degrés, ou bien on le plonge pendant plus ou moins de temps dans un bain froid bien faible de potasse ou de soude. Après le traitement dans l'un de ces deux bains et les lavages consécutifs, les fils ou les tissus sont prêts pour la teinture.

« M. A. Bance a introduit dans ces procédés plusieurs perfectionnements qui s'appliquent en particulier aux points suivants :

« 1° Substitution à l'huile tournante ordinaire d'une huile préparée artificiellement;

« 2° Dégraissage méthodique des fils ou des tissus huilés;

« 3° Extraction des matières grasses des bains d'huile;

« 4° Extraction de l'acide acétique des bains d'alumine employés.

§ XLVIII

• 1° *Préparation artificielle de l'huile tournante.* — Dans un chapitre spécial sur les huiles tournantes et artificielles, nous décrirons le procédé employé par M. Bance pour préparer une huile spéciale oxydée, à l'aide de l'huile de navette seule ou mélangée aux huiles de lin, de palme, de poisson, etc. (Voir § LXIII.)

§ XLIX

« 2° *Dégraissage des fils et tissus huilés.* — Cette opération s'exécute par le procédé de déplacement; les matières sont plongées dans des bains de plus en plus faibles, et, enfin, dans de l'eau pure. L'appareil le plus simple pour cet objet se compose de trois cuves rangées autour d'une grue; chacune de ces cuves est combinée avec un réservoir d'eau, pourvu d'un serpentin pour amener la vapeur, et d'un robinet de décharge. Maintenant, la cuve n° 1 contenant la liqueur de deux lavages, celle n° 2 d'un lavage, et celle n° 3 de l'eau pure, les fils ou tissus sont suspendus au moyen de la grue et dans un cylindre percé de trous, dans la cuve n° 1; puis, au bout d'une heure, en sont retirés et laissés égoutter. La lessive ainsi enrichie est, par une gouttière, écoulée dans la cuve d'extraction, et la cuve est aux deux tiers remplie d'eau. Le cylindre égoutté est, pendant une heure, suspendu dans la cuve n° 2, puis dans la cuve n° 3, tandis qu'à sa place, dans la cuve n° 2 on descend un autre cylindre chargé de nouveaux fils ou tissus huilés. Au bout d'une nouvelle heure, on enlève le cylindre du n° 3, on le laisse égoutter, on en retire le coton qu'il renferme et on introduit à sa place, dans la cuve n° 3, le cylindre de la cuve n° 2.

§ L.

« 3° *Extraction des matières grasses des bains de dégraissage.* — Les bains de dégraissage renferment des quantités notables d'huile et de carbonates alcalins; on a cherché à les utiliser pour le bain blanc ou pour les bains ultérieurs, mais, sous ces rapports, ils se sont montrés plus nuisibles qu'avantageux, parce qu'indépendamment des substances utiles, ils renferment aussi de grandes quantités de matières étrangères qui s'opposent à l'émulsion de l'huile et rendent difficile la fixation du bain d'huile. Aujourd'hui on les emploie presque généralement au premier bain de décreusage des cotons qu'on veut teindre, on utilise ainsi dans tous les cas leur richesse en alcali, mais on perd, par cette opération sans utilité, la matière grasse.

« Maintenant, pour récupérer tant les alcalis que la matière grasse, on peut opérer par deux méthodes différentes.

« Dans la première méthode, on fait passer à travers le bain de l'acide acétique en vapeur qui se dégage des pentes imprégnées d'acétate d'alumine lors de la dessiccation à l'étuve. Les matières grasses se séparent et peuvent, après ce dégraissage, être employées avec de l'huile

---

(1) De l'appareil employé par M. Bance pour oxyder l'huile, et qui sera décrit dans la troisième partie de ce travail (§ LXIII).

nouvelle pour le bain d'huile, tandis que la solution qui reste, et est un acétate alcalin, peut être immédiatement utilisée pour transformer l'alun en acétate d'alumine.

« Suivant la deuxième méthode, les bains du serpentin d'oxydation (1), évaporés jusqu'au quart environ de leur volume, sont réunis dans un réservoir inférieur chauffé par la vapeur perdue et décomposés par une quantité de chlorure de sodium suffisante pour en séparer matières grasses. Lorsque, par un vaporisage soutenu, il y a eu élimination complète, on laisse la lessive déposer, puis on la transporte dans un réservoir, d'où on la fait écouler dans la cuve pour premier dégraissage des cotons qui doivent être passés en teinture. Si les portions savonneuses doivent être employées au rosage des cotons teints en rouge turc, il faut, en traitant par la soude caustique, les transformer en savon caustique ou saturé. On peut aussi, par l'acide sulfurique et par les moyens connus, séparer les matières grasses.

§ L

« 4° *Extraction de l'acide acétique des bains d'alun.* — Les fils ou tissus de coton sont introduits dans un bain d'acétate d'alumine. Ce bain est préparé suivant l'intensité qu'on veut donner au rouge avec 24 à 40 kilogrammes d'alun ou une quantité correspondante de sulfate d'alumine exempt de fer, qu'on dissout, à 45° centigrades, dans 250 litres de la solution d'acétate de soude indiqué précédemment et qu'on rapproche de 2° 5 à 4° Baumé. — Après ce bain, ces cotons sont abandonnés pendant un ou deux jours, puis séchés à 60° centigrades, en maintenant, à l'aide d'un ventilateur, l'air en mouvement. Lorsque l'air est saturé, on le chasse par le ventilateur dans les bains de dégraissage ou dans une solution concentrée de soude ou de potasse. On répète cette opération jusqu'à dessiccation complète et enfin on sature l'air avec de la vapeur d'eau pour chasser du bain la majeure partie de l'acide acétique. Après la dessiccation, on enlève le fil ou le tissu pour compléter le fixage par un bain de fiente et de craie, ou de verre soluble (silicate alcalin), on tord avec soin, on essore au centrifuge, et le coton est prêt à mettre en teinture »

Comparant, sous le rapport des frais, son nouveau procédé avec l'ancien, M. Bance calcule que tous les frais pour teindre en rouge turc 300 kilogrammes de coton, d'après l'ancien procédé, s'élèvent à 876 fr. 20, et, d'après le nouveau, à 741 fr. 45, de façon qu'il y a en faveur du dernier une différence de 134 fr. 75.

§ LII

RENSEIGNEMENTS SUR LA TEINTURE EN ROUGE TURC, EN RUSSIE

Avant de résumer la teinture en rouge turc, d'après les errements suivis de nos jours et indiqués par M. Schützenberger, nous donnerons quelques renseignements sur la fabrication russe, renseignements que nous devons à l'obligeance d'un de nos amis, M. Achille Bulard, depuis quelques années directeur d'une importante teinturerie à Moscou.

Les procédés généralement suivis en Russie pour la teinture en rouge d'Andrinople sont, pour le fil, le procédé d'Elberfeld; pour les tissus, le procédé pratiqué en Suisse.

L'huile employée est l'huile tournante de Messine et de Calabre. Cependant quelques teinturiers, M. N.-J. Baranoff, par exemple, emploient, au lieu d'huile, une graisse animale.

Partout, en Russie, on emploie le sang.

Comme garance, on emploie la *marena* (1) et la *garancine* extraite de cette *marena*. — Aujourd'hui la garance et ses dérivés industriels sont en partie remplacés, en Russie comme d'ailleurs dans la plupart des teintureries de France et d'Allemagne, par l'*alizarine* et la *purpurine artificielles*, dérivées de l'anthracène.

---

(1) Le nom de *Marena* vient du mot russe *Marennoï*, qui veut dire *chauffé*, parce qu'on échauffe les racines de garance dans des fossés.

Les meilleures racines sont celles de *Couba* (1) et d'Orient; les inférieures viennent de *Kislair* (2) et de *J. ksaiesk* (3) et servent à frauder les premières.

La *marena* est seulement cultivée dans le Caucase; on cultive aussi la garance à *Chiva* (4).

Les débouchés des fils et tissus teints en rouge turc sont la Russie elle-même et l'Asie centrale. (Voir *Première partie*, fin du paragraphe ii.)

§ LIII

Résumons la marche généralement suivie de nos jours, par la description sommairement faite par M. Schützenberger dans son *Traité des matières colorantes* (1867).

« Les pièces, blanchies comme à l'ordinaire, sont foulardées dans une émulsion d'huile tournante et de carbonate alcalin.

« L'huile d'olive, dite *tournante*, se caractérise par la facilité avec laquelle elle s'émulsionne avec les alcalis et les carbonates alcalins, et par la persistance de l'émulsion. C'est même ainsi que l'on apprécie ses qualités dans les fabriques.

« Il semble qu'il est utile d'ajouter au bain blanc une certaine proportion de crottin de mouton ou de fiente de vache. Cette addition, faite dans le but, soi-disant, d'animaliser le tissu et de le rapprocher ainsi des fibres animales, peut être favorable parce que les éléments des produits excrémentitiels des herbivores concourent à favoriser l'altération du corps gras.

« Quoi qu'il en soit, le tissu ainsi foulardé et matté en bain blanc, uniformément imprégné d'huile tournante, de carbonate alcalin et des éléments solubles du crottin, est desséché à l'étuve chaude, puis exposé sur le pré; ou, si le temps est beau, on peut le sécher directement au soleil. — Dans ces conditions de température, par l'action de l'air, de la lumière, de l'humidité, et avec le concours des carbonates alcalins, on voit s'opérer cette transformation mystérieuse et dont le sens nous échappe. »

Généralement, on n'arrive pas, par un seul passage en bain blanc, suivi d'une dessiccation et d'une exposition, à fixer la dose nécessaire de mordant organique. Cette opération doit être répétée plusieurs fois. Un tissu suffisamment préparé doit, après avoir été dégraissé par un foulage en carbonate de soude, attirer en bain de sumac assez de principe tinctorial, pour prendre en acétate d'alumine une teinte jaune bien nourrie.

« Le dégraissage qui suit les opérations de l'huilage a pour but d'éliminer les parties du corps gras non modifiées et celles qui, modifiées, n'adhèrent pas à la fibre. En foulant en solution de carbonate alcalin, on obtient une émulsion employée sous le nom de *vieux bain blanc*, et qui sert plus avantageusement à l'huilage de nouvelles pièces, probablement parce qu'il renferme déjà une forte proportion d'huile plus ou moins altérée.

« Vient ensuite l'opération du mordançage. La précipitation de l'alumine est ici facilitée par l'attraction exercée par la matière organique. On peut ou plaquer en acétate d'alumine, sécher, fixer à la chambre chaude, bouser à la manière ordinaire, ou donner d'abord un passage en bain astringent (noix de galle, sumac), puis un passage en alun, dessécher et passer en craie pour saturer l'alun, et favoriser la précipitation de l'alumine qui, sans cela, ne serait pas complète.

« Quelquefois on réunit dans le même bain la noix de galle et l'alun.

« On teint en garance, ou en fleur. Dans le premier cas, on ajoute souvent au bain de teinture de la craie, du sang de bœuf, de la colle ou encore du sumac. Souvent on teint

(1) *Couba* ou *Kouba*. Ville russe, dans le Daghestan, sur le Coudial-Tchaï. Chef-lieu du Daghestan, 4,000 habitants environ.

(2) *Kislair.* — Voir la note Kislar ou Kizliar.

(3) *Jeksaiesk?*

(4) *Chiva*, ou *Kiva*, ville russe du Turkestan, capitale de l'ancien kannat de ce nom, 6,000 habitants.

en deux fois, en faisant suivre la première opération d'un dégorgeage et d'un second mordançage.

« On avive plusieurs fois (deux à trois fois) toujours en chaudière close, à l'ébullition et à une pression déterminée.

« Le premier avivage se donne dans un bain de savon et de carbonate de potasse ; les deux autres dans un bain de savon et de sel d'étain, ou de savon, de carbonate de potasse et de sel d'étain. »

APPENDICE DE LA DEUXIÈME PARTIE

Nous terminons cette deuxième partie de notre travail en donnant les analyses immédiates centésimales des principales substances employées dans la fabrication en rouge d'Andrinople, ces analyses se rattachant aux diverses théories de cette teinture :

BOUSE DE VACHE

	D'après Morin (1833).	D'après Perrot.
Eau...	70	69.58
Bubuline (bile)................................	1.60	
Matière biliaire (amer).......................	0.60	1.02
Résine verte et acides gras (butirique, oléique et margarique).	1.52	
Albumine coagulée............................	0.40	0.63
Matière fibreuse...............................	24.08	26.39
Matières salines et perte......................	2	2.38
	100.20	100.00

BILE, OU FIEL DE BŒUF

D'après Berzélius.		D'après Thénard.	
Biline, acide fellique, graisse biliaire, etc.	8.00	Résine (choline ou cholestérine)........	3.00
Mucus de la vésicule.	0.30	Matière jaune.......................	0.5
Alcali combiné à la biline, etc.........	0.41	Substance particulière, dite *Picromel*...	7.5
Sel marin, lactate alcalin, matières extractiformes, etc...............	0.74	Soude............................	0.5
		Sels minéraux.......................	0.9
Phosphates de soude et de chaux......	0.11	Eau...............................	87.6
Eau..........................	90.44		
	100.00		100.00

SANG DE BŒUF

D'après Baumhauer (1845).		D'après Marcet.	
Matières du sérum.		*Sérum.*	
Albumine........................	6.207	Albumine.........................	7.9990
Matière extractive..............	2.143	Osmazône et lactate de soude........	0.6175
Graisse..........................	0.015	Chlorures de potassium et de sodium..	0.2565
Cendres.............................	0.654	Matière analogue à la salive et soude.	0.1520
		Eau...............................	90.5000
Matières du caillot.		Perte.	0.4750
Fibrine...........................	0.756		100.0000
Hématopsine.....................	2.519		
Graisse.........................	0.004		
Cendres.........................	0.005		
Eau et perte.....................	87.697		
	100.000		

JAUNE D'ŒUF

(Voir la composition. — Troisième partie. — *Huiles*, procédé Persoz père)

NOIX DE GALLE

D'après Guibourt.

Acide tannique (tannin)...............	65
— gallique....................	2
— ellagique et lutéo-gallique.......	2
Chlorophylle et huile volatile.........	0.7
Matière brune extractive.............	2.5
Gomme...........................	2.5
Amidon...........................	2.5
Ligneux.	10.5
Sucre............................	
Albumine.........................	
Sels divers........................	1.3
Eau.	
Eau..............................	11.5
	100.00

TROISIÈME PARTIE

DES HUILES. — *Huiles tournantes; huiles modifiées, huiles oxydées, etc.*

§ LIV

Les huiles fixes, végétales et animales, ne sont pas toutes également propres à la préparation de la teinture en rouge d'Andrinople. Celles employées généralement à cet usage sont des huiles d'olive provenant, pour la plus grande partie, des États du Levant, de l'Italie ou du Midi de la France. — On les distingue des autres corps gras fluides par la dénomination d'*huiles tournantes*, qui rappelle la propriété qu'elles présentent, étant mêlées à une faible dissolution alcaline, de produire une émulsion lactescente.

L'huile d'olive tournante (nous verrons plus loin qu'on peut donner la propriété tournante à toute autre huile végétale) est un mélange d'*huile d'infect*, ou *d'enfer* et d'*huile de recence*, ou une huile lampante qui est trouble, chargée de mucilage et qui se dissout complétement dans une lessive alcaline.

Une huile de cette nature est d'autant plus estimée que l'émulsion est plus parfaite, et que sa partie grasse met plus de temps à se séparer du liquide aqueux.

§ LV

MOYEN USUEL POUR RECONNAITRE LA QUALITÉ DE L'HUILE D'OLIVE TOURNANTE

« Pour distinguer une huile tournante d'une huile ordinaire ou flambante, il suffit d'en laisser tomber une ou deux gouttes dans un verre à expérience en partie remplie d'une dissolution de soude caustique marquant 1 $\frac{1}{2}$ à 2 degrés; la première devient opaque; la seconde reste transparente. C'est le procédé que suivent ordinairement les industriels qui vendent ou qui achètent les huiles tournantes, et ils jugent, d'après le plus ou moins d'opacité des gouttes oléagineuses, si la propriété qu'ils recherchent est plus ou moins développée dans l'échantillon d'huile soumise à l'essai. » (J. Pelouze.)

§ LVI

MOYEN POUR RECONNAITRE LA QUALITÉ DES HUILES TOURNANTES NATURELLES, DANS LA TEINTURE EN ROUGE TURC, PAR M. BOLLEY, DE ZURICH (1854)

« Pour essayer l'huile d'olive qu'on destine à la teinture en rouge turc, M. Bolley recommandait, en 1854, le moyen suivant comme fournissant des résultats très-sûrs.

« On verse dans une éprouvette 20 grammes de l'huile qu'on veut essayer avec 10 fois son volume d'une solution de potasse marquant 4° Baumé, ou du poids spécifique de 1.03. L'essai de l'huile en question, ou de plusieurs huiles du même genre, se fait simultanément avec celui sur un échantillon d'une huile qu'on sait être pure et authentique et qu'on a conservé comme échantillon normal. On agite toutes ces huiles également avec la solution de potasse. Une huile de bonne qualité fournit une liqueur laiteuse, dense, sur laquelle nage une mousse ferme et persistante. — Les sortes inférieures ne donnent qu'une liqueur fluide, bleuâtre ou jaunâtre, translucide, et une mousse légère qui ne tarde pas à tomber. — Au bout de vingt-quatre heures de repos, on observe de nouveau les essais. Pendant cet intervalle, il ne doit pas se montrer de grosses gouttes d'huile sur la mousse, qui ne doit pas ressembler à du petit-lait, et dessous il ne doit pas y avoir une liqueur fluide et bleuâtre, tous indices d'une huile de mauvaise qualité. Si la mousse est formée de petites bulles et qu'elle ait persisté avec fermeté, qu'on n'y remarque que de très-petites gouttes d'huile à la surface, que toute la masse liquide soit blanche et épaisse, on a là autant de signes de sa bonne qualité. — Les huiles de qualité moyenne présentent des phénomènes qui se rapprochent plus ou moins de ceux indiqués.

§ LVII

Les principales huiles employées comme *huiles tournantes* sont celles d'*olive*, de *sesame*, d'*arachide*, de *colza* et de *pied de bœuf* (1).

Dans quelques fabriques russes, turques et grecques, on emploie aussi les *huiles* et *graisses de poisson*.

Dans les Indes, nous avons vu qu'on employait aussi certaines huiles concrètes, comme le *beurre d'Ilipé*.

Les huiles propres à la fabrication du rouge turc étant d'un prix très-élevé, on a cherché à les remplacer par des huiles de qualités inférieures et d'une valeur vénale moindre, en leur communiquant la qualité tournante par divers procédés suggérés par les théories du moment, soit en y mêlant une certaine quantité de jaune d'œuf, soit en les oxydant par l'acide nitrique, les hypochlorites alcalins, soit en y ajoutant des acides gras ou sulfo-gras, etc.

Nous décrirons ces procédés de fabrication d'huiles tournantes artificielles, par ordre chronologique.

§ LVIII

PROCÉDÉ PERSOZ, PÈRE (1846)

Ce savant praticien, dans son Traité classique de *l'impression des tissus*, donne le procédé suivant pour obtenir une huile tournante artificielle :

« Il n'est pas difficile, dit-il, de rendre une huile tournante; il suffit pour cela de délayer deux jaunes d'œuf (2) dans 1 litre d'huile, qu'on abandonne à lui-même; en peu de temps

---

(1) Pour les caractères chimiques et physiques de ces huiles, et, en général, des corps gras industriels, voir notre *Guide pratique de la connaissance et de l'emploi des corps gras industriels (huiles, beurres, graisses, suifs et cires).* (2ᵉ édition, Paris, Lacroix).

(2) *Composition immédiate du jaune d'œuf, d'après* Gobley :

Eau.	51.486
Vitelline.	15.760
Huile (oléine et margarine).	21.304
Cholestérine.	0.438
Acides gras (margarique et oléique).	7.326
Sels fixes.	1.333
Acide phosphoglycérique.	1.200
— lactique et extrait de viande.	0.400
Matières colorantes jaune et rouge. . . . . }	
Matière organique azotée. . . . . }	0.853

	100.000

l'huile ainsi traitée produit une émulsion avec une lessive de carbonate de potasse ou de soude, et a acquis toutes les qualités qu'on lui demande. — D'autres huiles peuvent remplacer l'huile d'olive. »

L'huile tournante naturelle est toujours épaisse, et présente constamment une réaction acide, une saveur et une odeur rances.

On l'exprime, dit le docteur L. Kaiser, des grabeaux d'huile d'olives fermentées, du moins c'est ainsi qu'on la prépare dans l'ex-royaume de Naples après qu'on a abandonné très-long-temps ces grabeaux à eux-mêmes, et par conséquent après qu'ils sont devenus rances, altération a laquelle sont très-disposées les huiles des pays méridionaux ; dans tous les cas, le marchand ne tient aucun compte de la perte d'intérêt qu'il fait pendant plus d'un an sur sa marchandise. C'est cependant en conséquence de cette considération que, déjà vers 1840, on cherchait à Elberfeld, et dans beaucoup d'autres localités, à procurer, par des moyens artificiels à l'huile d'olive, la propriété tournante, et pendant plusieurs années on parvint partout à tenir le procédé secret.

§ LIX

EXPÉRIENCES DE M. L. KAISER (1846)

Vers la fin de 1846, le docteur L. Kaiser eut l'occasion de faire quelques recherches sur plusieurs échantillons d'huile d'olive tournante et non tournante, et en même temps de chercher à découvrir un procédé pour la préparation de la première de ces huiles.

Une série d'expériences à conduit ce chimiste aux résultats suivants :

1° De l'huile d'olive parfaitement pure, et qui n'était pas tournante, a été exposée, partie dans une capsule de porcelaine et partie dans un vase plat en métal, pendant vingt-quatre heures à une chaleur de 44° à 55° centigrades, puis abandonnée ensuite pendant vingt-quatre autres heures, et à la température ordinaire d'un appartement, à l'action de l'air atmosphérique.

« Quand, après ce traitement, on a fait l'essai des propriétés de ces deux huiles avec la solution de potasse, l'huile qui avait été chauffée dans la capsule de porcelaine s'est comportée comme de l'huile fraîche, c'est-à-dire qu'elle n'était pas tournante ; au contraire, celle chauffée dans la capsule en métal a fourni une émulsion relativement beaucoup plus parfaite, mais qui n'était pas complétement satisfaisante. Le résultat a été encore plus favorable quand on a chauffé les huiles jusqu'à l'ébullition, qu'on a soutenu celle-ci pendant dix minutes, et qu'on a laissé refroidir.

2° On a fait bouillir 40 grammes d'huile d'olive pure avec un poids égal d'eau qu'on avait préalablement mélangée ou aiguisée avec 1 gramme d'acide sulfurique concentré ; l'opération s'est faite dans un vase de porcelaine, et elle a duré deux heures, pendant lesquelles on a agité continuellement, après quoi on a abandonné au repos pendant six jours dans un lieu porté à la température de 44 à 55° centigrades.

« L'huile d'olive ainsi traitée a fourni, avec la lessive de potasse, une émulsion qui, après un repos de huit heures, n'a pas présenté dans la couche crémeuse la moindre gouttelette d'huile en nature.

« En répétant cette expérience, mais en faisant bouillir le mélange d'huile et d'eau aiguisée d'acide sulfurique au moyen de la vapeur d'eau qu'on y introduit, on a obtenu une huile qui, à l'épreuve, et après deux jours de repos, ne s'est plus séparée en nature, mais a conservé des propriétés émulsives.

« 3° L'huile bouillie à la vapeur, ainsi qu'il a été indiqué dans l'expérience précédente, a été, immédiatement après l'ébullition, partagée en 4 parties d'égal poids et mélangée à de l'*acide oléique* dans les proportions suivantes :

1°	90 grammes d'huile avec	½	grammes d'acide oléique
2°	—	—	1 — —
3°	—	—	1 gramme ½ —
4°	—	—	Sans acide oléique.

« Ces mélanges ont été exposés à une chaleur de 75 à 85° centigrades et essayés après dix heures. Il est résulté de ces épreuves que les essais 2 et 3 renfermaient de l'huile parfaitement tournante; que l'essai 1 possédait cette propriété à un degré moindre, et que l'essai 4 était le moins approprié de tous. — L'essai n° 2 était le meilleur de tous.

« 4° L'acide oléique, ajouté dans la même proportion à de l'huile fraîche et non bouillie, a donné aussi un bon résultat, lorsqu'au lieu de dix heures, on a laissé digérer le mélange pendant vingt-quatre heures de 75 à 85° centigrades. »

L'emploi de l'acide stéarique, de l'extrait de saturne, etc., n'a pas fourni au docteur L. Kaiser de bons résultats, c'est-à-dire que l'huile n'est pas ainsi devenue tournante.

« Nous avons donc, dit ce chimiste, en terminant la description de ces expériences, deux moyens pour rendre l'huile tournante ou propre à constituer le bain blanc :

« 1° En mélangeant à 90 kilogrammes d'huile 1 kilogramme d'acide oléique, et maintenant le mélange pendant vingt-quatre heures à une température de 75 à 85° centigrades; ce temps pouvant être réduit à dix heures si on se sert d'huile cuite par la vapeur et l'eau acidulée et encore toute chaude.

« 2° En ajoutant à 100 kilogrammes d'huile le même poids d'eau auquel on a mélangé 3 kilogrammes d'acide sulfurique concentré, portant, par une injection de vapeur, à l'ébullition qu'on soutient pendant deux à trois heures, et, enfin, en maintenant encore pendant au moins quarante-huit heures à une température de 75 à 85° centigrades. »

L'extension de la surface de l'huile, qu'on verse à cet effet dans des vases plats, l'accès de l'air et l'agitation du liquide, favorisent la marche du procédé que la pratique développe encore.

§ LX

RECHERCHES DE M. J. PELOUZE PÈRE

En septembre 1856, M. J. Pelouze, qui paraît ne pas avoir eu connaissance des recherches du docteur L. Kaiser, présentait à l'Académie des sciences de Paris un Mémoire important sur les huiles tournantes, faisant suite à un premier Mémoire remarquable sur l'acidification naturelle des huiles (1), présenté l'année précédente.

Nous extrayons du mémoire de M. Pelouze les observations les plus saillantes :

S'étant procuré des huiles d'olive tournante de diverses provenances, M. J. Pelouze, comme M. le docteur Kaiser y décela, par l'alcool, la présence d'une quantité notable d'acides oléique et margarique.

« La proportion de ces acides varie, dit-il, de 5 à 15 pour 100. On retire également ces acides des mêmes huiles en faisant chauffer celles-ci pendant quelques minutes avec un alcali. »

L'huile d'olive ordinaire comestible ne contient pas d'acide gras ou n'en contient que des quantités insignifiantes.

Cette différence provient du mode d'extraction des diverses qualités d'huile d'olive.

Déjà, avant 1856, on trouvait dans le commerce des huiles de diverses espèces également propres à la fabrication du rouge turc, entre autres les huiles tournantes artificielles de la maison de MM. Boniface frères, de Rouen. M. Pelouze ayant examiné ces dernières huiles y trouva des proportions très-notables d'acides oléique et margarique.

« Si l'huile d'olive tournante, dit ce savant chimiste, est presque exclusivement employée à la préparation du rouge d'Andrinople, cela tient surtout à ce que les olives se prêtent mieux que les graines oléagineuses à la réaction qui donne naissance aux acides gras; mais, aujourd'hui (en 1856) que le rôle de cette huile est bien connu, il sera facile de la remplacer

(1) *Mémoire sur la saponification des huiles sous l'influence des matières qui les accompagnent dans les graines* (Académie des sciences. — Juin, 1855), par J. Pelouze.

avec économie par des huiles à bas prix, telles que celles d'œillette, de sésame, de colza, de palme, etc. Il suffira de broyer les graines ou les amandes qui les contiennent et de les abandonner un certain temps à elles-mêmes avant d'en extraire l'huile.

« Un second moyen, plus simple encore, consiste à ajouter directement aux huiles ordinaires quelques centièmes de leurs poids d'acides oléique et margarique provenant des fabriques de bougies stéariques. »

Ce dernier moyen, recommandé par M. Pelouze, a été mis en pratique chez M. Steiner, de Manchester, où il a donné de bons résultats.

A Bar-le-Duc, chez MM. Henry et fils, de l'huile de colza additionnée d'acide oléique a donné, sur coton en fils pour rouge turc, des résultats aussi complets que par l'emploi d'huile d'olive tournante.

M. Pelouze termine le résumé de son Mémoire par une phrase dont, au point de vue chronologique, il est bon de donner la teneur :

« Il est extrêmement probable que le traitement de certaines huiles, et plus particulièrement de celle de colza, par quelques centièmes de leur poids d'acide sulfurique, donnerait naissance à des mélanges d'huiles neutres et d'acides gras qui, bien lavés, seraient propres à la fabrication du rouge turc. » (Voir le Procédé de préparation d'*huile sulfatée*, de MM. Mercier et Greenwood, 1847, §§ 40 et 61.)

En 1856, MM. G.-F. Wilson et W. Walls proposaient aussi l'emploi de l'acide oléique pur, comme surrogat de l'huile tournante.

§ LXI

PROCÉDÉ DE MM. J. MERCIER ET J. GREENWOOD (1847) (1)

Huile sulfatée. — Ces industriels préparent l'huile spéciale, qu'ils appellent *huile sulfatée*, de la manière suivante :

« On prend 1 partie en volume d'acide sulfurique du commerce (2) et 8 parties d'huile d'olive ; on en opère le mélange, et on agite fréquemment pendant huit jours. On ajoute alors 15 à 18 litres d'eau, on agite bien la liqueur ; on y ajoute encore 2 kilogrammes de sel commun, puis on abandonne au repos. L'huile se sépare et peut être tirée au clair. »

A chaque litre de cette huile on ajoute 9 litres d'une dissolution d'hypochlorite de soude, qu'on prépare en mélangeant 7 kilogrammes de carbonate de soude cristallisé, dissous dans 2 litres d'eau, avec 45 litres d'une dissolution de chlorure de chaux marquant 12° Twadle (densité = 1.060).

On chauffe le mélange d'huile sulfatée et d'hypochlorite de soude par un moyen quelconque, et, de préférence, par un tuyau de vapeur ; on fait bouillir le mélange jusqu'à ce qu'il cesse de blanchir une partie de coton qu'on a teint en bleu pâle par l'indigo, ou bien, au lieu d'appliquer la chaleur, on emploie un acide étendu (de préférence l'acide sulfurique) dans la proportion de 1 partie en volume d'acide pour 20 parties d'eau, et on verse en agitant dans l'huile cet acide étendu, par portions et à certains intervalles, en laissant entre chaque addition assez de temps pour prévenir autant que possible le dégagement du chlore ; lorsque le mélange ne blanchit plus le coton teint en bleu clair par l'indigo, l'opération est terminée.

§ LXII

Huile sulfatée oxydée. — On peut aussi traiter l'huile sulfatée par l'air atmosphérique et la vapeur, et, à cet effet, on la mélange à volume égal à de l'eau, et on y fait passer des courants d'air atmosphérique dont on a élevé la température par des moyens connus Cet air doit être chauffé à 105° centigrades et l'opération dure dix jours. On l'accélère en ajoutant

(1) *Technologiste*, t. VII, 1846-1847, p. 340.

(2) Nous ferons remarquer que l'acide sulfurique entre dans la préparation du bain bis dans 'e procédé Papillon, 1790.

4 litres $^1/_2$ d'eau distillée et autant d'eau de son, faite avec 1 kilogramme de cette substance, ou, à défaut, $^1/_2$ litre d'huile de lin. — On peut aussi employer 240 grammes de sulfate de cuivre et autant de sel commun. — Quand on se sert d'air atmosphérique ordinaire et froid, on fait arriver en même temps de la vapeur par un tube perforé, mais ce procédé d'oxydation est plus lent que celui à l'air chaud.

L'huile, au lieu d'être sulfatée préalablement, comme il a été dit ci-dessus, peut être traitée de la manière qui vient d'être décrite, et il est même avantageux de préparer tant de l'huile sulfatée, que de l'huile sans sulfatation préalab.e, huiles qu'on emploie toutes deux comme il est dit dans les perfectionnements indiqués au chapitre précédent.

MM. Mercier et Greenwood préparent aussi l'huile sulfatée oxydée par les moyens suivants :

On mélange 1 partie en volume d'acide sulfurique à 8 parties d'huile d'olive, et on agite le mélange fréquemment pendant vingt-quatre heures. A ce mélange, on ajoute par portions, et successivement, 132 grammes de chlorate de potasse, dissous dans 4 décilitres $^1/_2$ d'eau bouillante pour chaque litre d'huile, et on agite jusqu'à ce que toute action cesse. Alors on enlève les acides et les sels avec de l'eau, en ajoutant et agitant 2 litres d'eau par chaque litre d'huile ; on laisse reposer et on soutire l'eau.

Ou bien, on emploie 264 grammes de bichromate de potasse (en place de chlorate) dissous dans 6 décilitres d'eau, et on procède comme il a été dit ci-dessus.

Ou bien enfin, au lieu des sels indiqués, on se sert de 264 grammes d'azotate de soude ou de potas.· en poudre, dissous dans 1.20 décilitre d'eau et on y procède comme ci-dessus.

On verra, plus loin, que ces procédés, indiqués par MM. Mercier et Greenwood, en 1847, ne sont pas étrangers à ceux de MM. Bernard et Bance, décrits plus loin, et qui datent de 1868.

§ LXIII

PROCÉDÉ DE M. BERNARD, DE MULHOUSE, 1868 (1)

M. Bernard prépare l'huile oxydée qu'il propose en versant dans un plat d'une capacité de 20 litres, 15 litres d'huile de lin ou d'une autre huile siccative, qu'il chauffe à 95° centigrades, en y démêlant 2 kilogrammes de chlorate de potasse en poudre fine et de 1^k.50 d'acide oxalique par petites portions à la fois. — A chaque addition d'acide, il y a une vive effervescence. Après que tout l'acide a été ajouté, ce qui peut avoir lieu au bout de trois heures, on laisse bouillir le mélange deux heures.

L'huile ainsi préparée peut servir directement à imprégner les cotons, fils ou tissus ; on peut également en faire usage pour préparer avec les alcalis des bains blancs.

§ LXIV

PROCÉDÉ DE M. ALFRED BANCE (1867) (2). — (Voir §§ XLVII-XLVIII)

Le nouveau procédé de M. Bance consiste :

1° A chauffer les huiles grasses en présence de l'air, de l'eau et de la vapeur d'eau assez fortement pour que les substances étrangères se coagulent et qu'il y ait une décomposition partielle de l'huile ;

2° A exposer les huiles, après qu'elles se sont éclaircies par le repos, sur une grande surface, à l'action simultanée de l'oxygène atmosphérique, ou bien de l'oxygène pur, d'une chaleur artificielle et de la lumière solaire.

Voici la manière de procéder :

Pour transformer l'huile, on emploie avantageusement la vapeur surchauffée ; l'opération est pratiquée dans un grand cylindre vertical en tôle émaillée dans lequel la vapeur sur-

---

(1) *Technologiste*, Juin 1868, t. XXIX, p. 464.
(2) *Moniteur scientifique*, 1er décembre 1867, et *Technologiste*, Juin, 1868, t. XXIX.

chauffée est amenée par un tuyau percé de petits trous qui débouche dans la partie inférieure. Ce cylindre est mis en rapport par un tuyau avec un serpentin qui passe à travers le réservoir de l'huile; un deuxième tuyau permet de charger avec le contenu de ce réservoir, et un autre tuyau sert à évacuer l'huile qui, d'après M. Bance, a éprouvé la modification. Enfin, le cylindre est pourvu d'un thermomètre, d'une soupape de sûreté et d'un robinet pour puiser des échantillons pour les essais.

Pour opérer, on charge le cylindre aux trois quarts avec de l'huile (l'huile de navette seule ou mélangée aux huiles de lin, de palme, de poisson, etc.) qu'on puise dans le réservoir; on ferme le robinet qui amène cette huile, et on remplit de nouveau le réservoir d'huile avec une pompe foulante. Alors on fait passer lentement, dans l'huile du cylindre, de la vapeur surchauffée de 250 à 300° centigrades, qui produit la destruction ou la coagulation des matières étrangères et une décomposition partielle de la matière grasse. On peut favoriser la conversion en injectant au moyen d'une pompe, dans l'huile, de l'air que, par la chaleur perdue du four qui sert à surchauffer la vapeur, on a porté à environ 250° centigrades.

Comme la transformation ne marche que peu à peu, il faut s'assurer de temps à autre, en levant des échantillons, de l'état ou de la marche de l'opération. On emprunte donc pour cela une petite quantité d'huile au cylindre, on la laisse refroidir, on la filtre et on la traite par cinq à six fois son volume d'une lessive alcaline à 2° Baumé. Si on obtient ainsi une émulsion parfaitement homogène, on évacue l'huile sous la pression de la vapeur, on la fait passer par les tubes d'un réfrigérant, où sa température s'abaisse à 70 ou 80° centigrades; l'eau qui sert à refroidir et qui s'échauffe ainsi est employée à alimenter la chaudière à vapeur. — En sortant du réfrigérant, l'huile se rend dans un grand réservoir placé dans une chambre dont la température est maintenue à 25° centigrades, et après qu'elle s'est bien éclaircie par le repos, on la décante et on l'oxyde par la méthode suivante :

Oxydation de l'huile. — Une des meilleures méthodes pour oxyder l'huile au moyen de l'oxygène de l'air atmosphérique, consiste à l'exposer en couches minces ou en cascades à la lumière solaire et à la chauffer simultanément par-dessous par la vapeur d'eau. L'appareil employé pour cet effet se compose comme l'appareil à concentrer les jus sucrés de Derosne et Cail, d'un serpentin vertical en métal zingué ou émaillé à tours horizontaux, mais on peut aussi y employer des tablettes disposées les unes au-dessus des autres et communiquant ensemble par des rigoles. Dans tous les cas, l'appareil est couvert par une glace et exposé aux rayons directs du soleil.

L'huile, tirée au clair, est introduite dans un réservoir inférieur, où une pompe ou un monte-jus la remonte dans un autre réservoir, d'où on la fait couler par un tube à robinet dans une gouttière horizontale percée de trous fins sur toute sa longueur, trous qui distribuent cette huile sur le serpentin chauffé préalablement. De cette manière, l'huile tombe avec une extrême lenteur, en présentant dans sa chute, d'un tour à l'autre du serpentin, une surface étendue à l'action du soleil et de la lumière. Arrivée dans le réservoir inférieur, l'huile est remontée de nouveau et distribuée derechef sur le serpentin, et on répète cette opération jusqu'à ce que l'huile ait absorbé une quantité suffisante d'oxygène.

La durée de l'oxydation dépend de la qualité de l'huile, de la température, de l'intensité de la lumière, du mode de distribution de l'huile, etc. — Dans la saison favorable, huit à douze heures suffisent, et aussitôt que l'opération est terminée, on laisse refroidir complètement l'huile, et on la verse dans les barils où on la conserve pour en faire emploi. — Ainsi traitée, l'huile est égale, sinon supérieure, à l'huile tournante ordinaire.

§ LXV

SURROGAT DU BAIN D'HUILE TOURNANTE (1873), D'APRÈS M. A. MULLER, DE ZURICH [1]

On prépare une émulsion d'huile d'olive ordinaire (il ne faut pas naturellement se servir d'huile gélatineuse ou tournante), avec une solution de gélatine suffisamment dense, ce qui

[1] *Chemisches Centralblatt*, 1873, 34.

réussit très-bien, et à cette huile on ajoute la solution d'un hypochlorite alcalin, par exemple,
de l'eau de Javelle ; on abandonne la masse, qui mousse considérablement, au plus deux
heures au repos ; on mordance, on fait sécher, à la température ordinaire, une ou deux fois ;
on dégorge, on lave, on alune, on donne le bain de craie, le bain de sumac, et enfin celui de
teinture.

M. Muller dit qu'il a obtenu ainsi de beaux résultats, mais qui ne sont pas encore complètement satisfaisants, et, en conséquence, il poursuit ses expériences. (V. § 103.)

QUATRIÈME PARTIE

THÉORIES DIVERSES PROPOSÉES POUR LE ROUGE TURC

Dans cette quatrième et dernière partie de ce Mémoire, nous passerons en revue, autant
que possible chronologiquement, les diverses opinions émises jusqu'ici, sur la théorie de la
fabrication du rouge d'Andrinople.

§ LXVI

La plus ancienne opinion est, nous le croyons, celle que Macquer a émise dans son *Dictionnaire de chimie* (1).

OPINION DE MACQUER

« En examinant, dit-il, les effets de toutes les opérations compliquées, en quoi consiste le
procédé du Levant ou d'Andrinople, pour faire prendre au coton un rouge de garance infini-
ment plus beau et plus favorable que celui que l'on peut faire par la méthode ordinaire, j'ai
été frappé d'une singularité qui se trouve dans l'alunage de ce procédé du Levant, et qui
consiste à mêler une grande quantité d'alcali fixe avec la dissolution d'alun avant d'en imprégner le coton.

Comme l'alun est certainement décomposé par l'alcali fixe dans cette opération, j'ai voulu
découvrir quel était le résultat, et j'ai reconnu que l'alcali fixe, en même temps qu'il pré-
cipitait la terre de l'alun, en dissolvait lui même une portion assez considérable, et que
c'était le sel alcalin à base terreuse d'alun qui devenait le vrai mordant dans le procédé de
teinture dont il s'agit. Je me suis assuré, en effet, par des expériences convenables :

1° Que les alcalis volatils ou fixes, surtout caustiques, pouvaient dissoudre et mettre à
l'état salin une assez grande quantité de la terre de l'alun, même par la voie humide, et que,
par la calcination, les alcalis fixes pouvaient dissoudre encore une quantité un peu plus considérable de cette même terre ;

2° Que ce sel alcalin terreux se décomposait par l'eau seule, et encore mieux par la décoction de garance et autres teintures extractives, dont sa terre (l'alumine) saisissait la couleur,
et avec laquelle elle formait une laque ou un précipité coloré, comme le font les mordants
composés d'un acide et d'une terre cu d'un métal.

3° J'ai constaté, par nombre d'expériences, qu'en imprégnant du coton ou du fil d'une
forte dissolution de ce mordant alcalin, sans aucune autre préparation préliminaire que le
décruage et l'engallage, ces substances tiraient dans le bain de garance un rouge beaucoup
plus plein et beaucoup plus beau que celui qu'elles peuvent tirer par l'alun ; *que c'est par
conséquent cet alunage alcalin auquel le rouge d'Andrinople doit principalement sa supériorité, et
que, si les autres préparations du procédé du Levant contribuent à la beauté et à la solidité de la
couleur, ce n'est qu'autant qu'elles disposent le coton et le fil à recevoir et à retenir une plus*

(1) Macquer. — Paris, 1778, 2 vol. in-4°.

grande quantité du mordant alcalin à base de terre d'alun, qui est véritablement l'âme de cette teinture. »

§ LXVII

Le *Journal de Pétersbourg*, année 1776, où sont relatés les voyages de Pallas qui décrivent les procédés de teinture en rouge turc, suivis par les Orientaux, contient une Note du rédacteur qui présente un sérieux intérêt au point de vue de l'historique des théories du rouge d'Andrinople. -- Voici cette Note :

« De la gélatine, de la colle forte ou du sang de bœuf, sont, avec la base de l'alun, les mordants propre à fixer la matière colorante de la garance sur le coton ; mais cette triple combinaison doit en partie sa permanence à l'engallage, c'est-à-dire, au principe tannant du fustet ou de la noix de galle, qui rend insoluble la gélatine appliquée sur le fil du coton. Les lessives légèrement alcalines servent à redissoudre les parties grasses non combinées, les débouillis savonneux d'huile ou de graisse adoucissent le fil, et cette série d'opérations répétées communique au rouge d'Andrinople avivé par le savon une solidité presque inaltérable (1). »

§ LXVIII

OPINION DE M. LE PILEUR D'APPLIGNY

Théorie de la teinture en rouge des Indes, par Le Pileur d'Appligny (2).

« Pour la teinture des fils de coton, on mêle les crottes de brebis avec une lessive d'alcali fixe, qui retient les principes volatils de ces crottes, et empêche conséquemment la putréfaction. Lorsqu'on trempe à plusieurs fois le coton dans cette liqueur savonneuse, on l'imprègne des principes alcalins qui y dominent ; et l'on sait, par expérience, que les matières qui ont été imprégnées une fois d'alcali volatil, les vaisseaux chimiques, par exemple, qui ont servi à en extraire, retiennent fort longtemps une odeur forte, peu différente du musc, même après avoir été frottés fortement avec du sable, des cendres, du savon, etc. A chaque fois qu'on fait sécher le coton au sortir de cette liqueur, l'évaporation des parties aqueuses procure aux principes alcalins qui se convertissent en terre, une plus forte adhésion dans les pores du coton ; il en résulte de l'union de cette terre, avec une portion de l'huile qu'on a employée, un mastic que l'alun perfectionne ensuite ; et voilà, en deux mots, la théorie de la fixité de cette teinture. »

§ LXIX

THÉORIE DE LA TEINTURE EN ROUGE SUR COTON, PAR CHAPTAL

On commence par décruer le coton, ou par en ouvrir les pores, pour qu'il puisse se pénétrer plus aisément des apprêts et des mordants.

Ensuite on l'imprègne d'huile, qu'on délaie convenablement par le moyen d'une lessive faible alcaline : on passe le coton, à plusieurs reprises, pour mieux répartir l'huile et la distribuer plus également sur toutes les parties.

Après cela, on engalle : et, ici, l'huile forme déjà une première combinaison avec la noix de galle, comme on peut s'en convaincre en mêlant une solution de savon à une décoction de noix de galle.

---

(1) Les expressions scientifiques, presque modernes, employées dans cette Note, ne correspondent certainement pas à l'année 1776 ; le style scientifique de cette époque est, pour le cas qui nous occupe, représenté par les écrits de Macquer et de Le Pileur d'Appligny. — Aussi nous donnons la date de cette Note sous toute réserve, car, au moment de nos recherches, il ne nous a pas été possible de pouvoir consulter l'original même du *Journal de Pétersbourg*.

(2) Le Pileur d'Appligny. — *L'Art de la teinture des fils et étoffes de coton*, 1798, 2ᵉ édition, p. 149. — 1ʳᵉ édition en 1776.

Cette première combinaison de l'huile avec la galle a déjà la plus grande affinité avec le principe colorant de la garance; mais la couleur est très-noire, très-sale, très-difficile à aviver. C'est pour cela qu'on ajoute à cette première combinaison un troisième principe qui rend le composé plus propre à fixer la couleur et à lui donner de l'éclat; ce troisième principe c'est l'alumine de l'alun.

Pour juger des effets de l'alun dans la teinture sur coton, il suffit de mêler une décoction de noix de galle à une dissolution d'alun : le mélange devient trouble dans ce moment, et il se forme un précipité grisâtre qui, desséché, est insoluble dans l'eau et presque dans les alcalis.

Voilà donc une combinaison à trois principes, fixée au coton par une affinité très-forte, et très-avide du principe colorant de la garance.

Lorsqu'on a saturé le mordant à trois principes, de toute la couleur qu'il peut prendre, les lavages à l'eau et l'avivage par les lessives alcalines ne font que dépouiller le coton de tout le principe colorant qui n'est pas fixé sur le mordant, et qui adhère plus ou moins au tissu du coton ou a du mordant qui n'est pas fixé.

Le coton ne retient, après ces opérations, que l'huile, la galle et l'alumine fortement combinées et saturées du principe colorant.

On peut y prouver, par l'analyse, l'existence de tous ces corps.

La composition acide dans laquelle on passe les cotons, sortant de l'avivage, ne produit son effet que sur la couleur qu'elle change et avive.

En résumé, Chaptal pensait que le but des travaux était de produire sur les fibres du coton une combinaison triple d'alumine, d'huile et de tannin, et de former ainsi un mordant qui seul peut fixer solidement la couleur de la garance.

§ LXX

APERÇU DE BANCROFT (1)

Bancroft adoptait l'avis de Chaptal, et cherchait des moyens plus simples d'obtenir la triple combinaison; mais tous ses essais n'ont pas réussi, car le meilleur de ses résultats n'a pas donné un rouge comparable en beauté et en solidité à celui qu'on obtient par les procédés ordinaires (2). Il pensait que la fixité de la couleur de garance dépendait d'une matière encore inconnue, existant dans le fumier ou le sang.

§ LXXI

OPINION DE VUTICH

D'après cet auteur, le traitement par les huiles ouvre le coton, qui prend mieux alors le mordant et la matière colorante; l'huile et le savon n'entrent pas en combinaison avec le coton. Dans le traitement par les alcalis, l'huile qui était dans le coton se transforme en savon et s'enlève: d'après cela, le coton n'augmenterait pas de poids. A l'engallage et l'alunage, le coton éprouverait une espèce de tannage; par cela, ainsi que les parties salines du sang, la matière colorante de la garance est fixée. Dans le bain de teinture, l'acide libre de la garance se combine avec l'albumine du sang et forme une combinaison savonneuse, et le phosphate de fer forme avec l'acide gallique du coton un précipité noir; la matière colorante de la garance devient libre et se combine au coton. Par le bouillage du coton teint dans des liqueurs alcalines, les combinaisons précédentes d'acide et de sang et le phosphate de fer qui restent sur le coton se dissolvent (3).

---

(1) Bancroft. — *Researches concerning the Philosophy of permanent colours, and the best means of producing them, by dyeing, calico printing*, etc. — 1813. — Bibliothèque du Conservatoire des Arts et Métiers, 8", KF. 8.

(2) D'après l'opinion de Dingler, cela s'explique facilement, par ce que, dans aucun de ces essais, l'huile n'était oxydée sur le coton (Leuchs).

(3) Leuchs, 1829, t. I, p. 304.

§ LXXII

OPINION DE DINGLER (1)

D'après Dingl r, le coton est pénétré d'huile en le traitant par des dissolutions savonneuses (*l'alcali sert a diviser l'huile*) ; cette huile est altérée par les séchages réitérés ; par l'exposition à l'air, elle attire l'oxygène, et se combine dans cet état intimement avec les fibres du coton : le coton gagne alors en poids. La fiente (ainsi que la fermentation) accélère l'oxydation, et par la même raison l'huile impure est préférable à la pure (2).

Les traitements suivants, avec les liqueur alcalines, ont pour objet d'enlever l'huile qui n'a point été oxygénée ; un fort séchage doit complétement changer celle qui se trouve encore sur les fibres ; l'alunage qui suit produit une combinaison de l'alun avec du coton ; l'engallage tanne les fibres qui sont combinées avec l'huile oxygénée, et produit une combinaison d'huile altérée, d'alun et de tannin, qui rend la matière colorante si solide. Le but des autres travaux s'explique de lui-même.

§ LXXIII

OPINION DE VITALIS (3)

« Rien ne peut contribuer plus efficacement aux progrès d'un art, dit Vitalis, que la connaissance exacte des moyens qui sont employés dans la pratique de cet art. Quoiqu'une longue expérience puisse servir à recueillir beaucoup de faits, cependant, si l'on ignore les causes qui leur ont donné naissance, on est sans cesse exposé à faire de fausses applications ; on suit des procédés semblables dans des cas qui diffèrent essentiellement entre eux ; on tente des améliorations au hasard, et souvent sur de faux principes.

« Quoique nous soyons bien éloigné de penser que l'effet du décreusage soit de dilater les pores des matières à teindre, ou de les débarrasser de certaines substances dont ils sont obstrués, cependant nous regardons comme indubitable que le motif qui a conduit à cette opération est de purger d'abord les substances que l'on se propose de teindre, d'une matière huileuse ou résineuse qui enveloppe leurs fibres, et remplit les interstices répandus entre leurs filaments.

« C'est cette matière huileuse ou résineuse qui rend ces substances moins blanches, et qui affaiblit leur affinité pour l'eau, et pour les matières colorantes qu'elles doivent recevoir. Voilà pourquoi, en général, lorsqu'on veut obtenir les couleurs les plus brillantes, et leur donner le plus haut degré d'éclat et de vivacité, il est indispensable de ne s'arrêter dans le décreusage, et même dans le blanchiment, qu'au point où ces deux opérations pourraient endommager les substances en leur ôtant une partie de leur solidité ; car le décreusage et le blanchiment entraînent toujours une perte de substance plus ou moins considérable, et qui est inévitable.

---

(1) *Journal de Dingler (Dingler's Polytechniches Journal).* — Dingler (Jean-Godefroi), pharmacien et chimiste allemand. Né à Deux-Ponts en 1778, mort en 1855. S'est beaucoup occupé, dans sa fabrique d'Augsbourg, d'améliorer l'art de la teinture et l'impression sur étoffe. — Plusieurs publications périodiques sur l'*Impression du coton ou des indiennes*, 1806-1807, 2 vol.; 1815-1817, 4 vol. Fondateur du *Journal Polytechnique*, continué par son fils, Maximilien Dingler.

(2) En Angleterre on prend des huiles mucilagineuses (gallipoli) ; à Malabar, des huiles plus ou moins rances ; dans les Indes orientales, de l'huile de sésame, et aussi de la graisse de cochon, avec laquelle l'abbé Mazéas prétend avoir obtenu de meilleurs résultats qu'avec toute autre huile ou graisse ; en Arménie, on préfère l'huile de poisson à l'huile d'olive, et on regarde le suif comme meilleur que l'huile d'olive. Les huiles siccatives ne réussissent pas. L'huile de lin noircit la couleur (par désoxygénation). Il serait utile d'essayer si l'application des corps qui oxygéneraient l'huile produirait un bon effet.

(3) J.-B. Vitalis. — *Cours élémentaire de teinture*, etc.; 1re édition, Rouen, 1827, p. 313 et suivantes, opinion, p. 335. — (Voir DEUXIÈME PARTIE de ce Mémoire.)

« Il n'est pas nécessaire, il est vrai, de blanchir le coton avant de le teindre en rouge des Indes, mais cette couleur réussit d'autant mieux sur le lin ou sur le chanvre, que les deux substances ont été mieux purgées de la matière résineuse qui colore leurs surfaces, et il est très-vraisemblable que le décreusage à l'eau de soude ne suffit au coton que parce qu'il est moins chargé de matière colorante résineuse, dont on parvient à le dépouiller au moyen de l'alcali qui en opère la dissolution, surtout à l'aide de la chaleur.

« Les bains de fiente n'ont et ne peuvent avoir d'autre but que de rapprocher le coton, le lin et le chanvre, qui sont des substances végétales, de la nature des substances animales, ou, comme on s'exprime ordinairement, de les *animaliser* en quelque sorte, en les combinant avec la matière grasse qui fait partie de la fiente des quadrupèdes ruminants, et par conséquent de celle du mouton. Cette matière animale, dissoute dans la lessive alcaline de la soude, se trouve alors aussi divisée qu'elle peut l'être, et par conséquent dans l'état le plus favorable pour entrer en combinaison avec le coton. C'est ce que je crois avoir démontré dans un Mémoire que j'ai eu l'honneur de présenter, en 1806, à l'Institut de France, et qui a été imprimé ensuite dans le *Journal de physique.*

« L'art a donc encore cherché cette fois à copier la nature, et l'expérience prouve que ce n'a pas été sans succès.

« Les bains blancs qui succèdent aux bains de fiente portent sur le coton la matière mucilagineuse mêlée à l'huile, et qui, comme nous l'avons dit plus haut, concourt avec la matière azotée, fournie par les bains de fiente, à précipiter facilement la matière colorante rouge de la garance sur le coton. La propriété dont jouit le principe huileux de se combiner à la matière colorante autorise assez à penser que ce principe produit aussi par lui-même un effet utile.

« On comprendra aisément par là pourquoi le coton sera d'autant plus disposé à se charger de la partie colorante de la garance, qu'il y aura été mieux préparé par un certain nombre de bains, plutôt faibles que forts, mais donnés à diverses reprises, afin de ménager au coton facilité de s'imprégner peu à peu de cette espèce de mordant, et d'en absorber à la longue une plus grande quantité, jusqu'à ce que son affinité soit satisfaite, ou jusqu'à ce qu'il soit arrivé au point de saturation, lorsqu'il s'agit d'obtenir des couleurs substantielles et bien nourries.

« Malgré le soin que l'on prend de tordre le coton, même au chevillon, après qu'il est sorti des bains de fiente ou des bains huileux, il est impossible que le coton ne retienne pas une certaine quantité de ces bains qui n'est qu'adhérente à la surface du coton, mais qui n'a point contracté d'union réelle avec lui, ou qui ne forme point avec lui une véritable combinaison chimique, et il est aisé de voir que la partie superflue de ces bains nuirait singulièrement à la combinaison des mordants qui doivent suivre, si l'on ne prenait la précaution de s'en débarrasser par le dégraissage : opération beaucoup plus importante que l'on ne pense communément, et qui demande à être exécutée avec tous les soins que nous avons recommandés ailleurs.

« Les lavages ont, en général, le même but que le dégraissage, et demandent aussi de grands soins.

« Quant à la dessiccation qui doit avoir lieu après la plupart des opérations, on en sentira aisément la nécessité, en considérant que l'humidité qui a été portée dans le coton par l'application d'un premier mordant deviendrait nécessairement un obstacle à l'introduction et à la combinaison d'un mordant subséquent. C'est pour cette raison qu'il ne suffit pas toujours de faire sécher à l'air, mais qu'il faut achever la dessiccation dans une étuve chauffée de 50 à 55° Réaumur, surtout pendant l'hiver, et lorsque le temps est chargé de vapeurs humides.

« Il sera toujours impossible de se rendre un compte exact de l'opération de l'engallage, jusqu'à ce que l'on sache au juste quels sont les principes qui sont fournis par la noix de Galle. Il paraît certain qu'elle contient un acide particulier nommé, par cette raison, *acide gallique;* mais qu'est-ce que le *tannin* qui accompagne toujours cet acide? La nature du tannin et sa composition sont elles mieux connues aujourd'hui qu'elle ne l'étaient du temps de Berthollet, qui les regardait comme un *principe astringent,* mais que personne n'a jamais pu obtenir? Ne sommes-nous pas obligés de convenir qu'il en est de même du tannin que les chimistes les plus savants, et les plus habiles, n'ont pu encore isoler de toute autre substance étrangère à sa composition?

« Malgré le voile qui nous cache la nature des produits de la noix de galle, il n'est pas moins certain que ces produits, quels qu'ils soient, font non-seulement l'office d'un mordant, mais d'un mordant très-énergique, en agissant peut-être directement sur le coton qui a reçu les apprêts huileux, ou peut-être sur le mordant d'alun, comme nous allons bientôt le dire.

« En parlant de l'alun, nous avons dit que ce sel fournissait à la teinture un des mordants les plus énergiques, et il joue en effet un rôle très-important dans la teinture du rouge des Indes ; mais quel est ce rôle? C'est un point qui ne pourrait être bien éclairci qu'autant que l'on connaîtrait parfaitement ce qui se passe lorsqu'on le met en contact avec les principes contenus dans le décoctum de la noix de galle. On sait bien que quelques gouttes de ce décoctum, versées dans une solution d'alun, y déterminent sur-le-champ un précipité de couleur blanche, qui, suivant M. Henry, chimiste anglais (1), n'est autre chose que de l'alumine qui a été séparée de l'acide sulfurique. On pourrait donc admettre que lorsque l'on passe du coton engallé dans une solution d'alun, ce sel est décomposé de manière que l'alumine abandonne l'acide sulfurique qui la tenait en combinaison, pour s'unir aux principes, quels qu'ils soient, provenant de la noix de galle, et qui ont été fixés sur le coton par l'engallage.

« Une première conséquence à tirer de là, c'est que, pour opérer cette précipitation de l'alumine, et la combinaison avec les produits de la noix de galle, sur le coton lui-même, il faut aluner à un degré de chaleur assez peu élevé, de 18 à 20 degrés tout au plus, parce qu'à une plus haute température, l'alumine, en se précipitant trop promptement, et en trop grande abondance, n'aurait pas le temps de se combiner à la noix de galle, et qu'ainsi il s'en déposerait une grande partie qui échapperait à la combinaison.

« Une seconde conséquence, non moins évidente, c'est que la combinaison de l'alumine avec la galle forme un nouveau mordant composé, qui s'unit aux mordants que le principe huileux et la fiente avaient déjà fournis.

« Remarquons que ce n'est pas sans raison que, dans l'alunage du coton que l'on veut teindre en rouge des Indes, on prend la précaution d'ajouter à l'alun ordinaire une certaine quantité d'alcali (1 once de soude environ par livre d'alun). En effet, l'alun étant un sur-sel, ou un sel avec excès d'acide, en saturant cet excès par la soude, on l'empêche d'agir sur le coton et de l'altérer. Un autre avantage qui résulte de cette pratique, c'est que l'affinité de l'alumine pour la galle augmente à mesure qu'elle est moins retenue par l'affinité qu'elle a pour l'acide sulfurique, d'où il suit que la nouvelle combinaison qui doit se former s'effectue avec plus de facilité. Il serait donc possible de se dispenser de saturer l'alun, dans le cas où l'on aurait donné au coton un grand nombre de sels, et surtout à un fort degré, comme cela se pratiquait autrefois.

« Peut-être les bains huileux que le coton a reçus, avant de passer en alun, contribuent-ils aussi pour quelque chose à la décomposition de l'alun, et en résulterait-il alors une espèce de savon alumineux qui, en se fixant sur le coton, deviendrait un mordant d'autant plus solide qu'il est tout à fait insoluble dans l'eau. »

Vitalis fait ensuite connaître l'opinion de Macquer, opinion citée au commencement de cette quatrième partie de ce Mémoire.

Il ajoute :

« Malgré tout le respect que nous professons pour l'autorité de Macquer, nous ne pouvons cependant partager ici entièrement son opinion.

« Nous admettons, avec cet illustre chimiste, que la saturation de l'alun par un alcali, ou plutôt que l'addition d'un alcali à l'alun, produit de bons effets dans l'alunage employé pour le rouge des Indes, ainsi que nous l'avons remarqué nous-même plus haut ; mais cette modification apportée dans l'emploi de l'alun, quoique très-utile, ne nous paraît pas être, comme

(1) *Repertory of Arts and Manufactures*, t. II, p. 262.

le prétend Macquer, la cause principale de la supériorité de couleur que prend le coton tein-en rouge par le procédé d'Andrinople.

« En effet, la quantité de soude que l'on ajoute à l'alun, en la supposant même égale à la huitième partie du poids de ce sel, suffirait à peine pour saturer l'excès d'acide sulfurique qui se trouve dans l'alun. L'alun ne peut donc devenir un mordant alcalin capable de dissoudre une grande quantité d'alumine, surtout si l'on fait attention que l'alcali ajouté à l'alun, bien loin d'être *caustique*, comme il devrait l'être, suivant Macquer, pour qu'il pût *dissoudre et mettre dans l'état salin une assez grande quantité de la terre d'alun*, est, au contraire, combiné avec une quantité notable d'acide carbonique, ou, pour me servir des expressions de l'ancienne chimie, qu'il est à l'état d'alcali *aéré*.

« A l'appui de ce raisonnement vient un fait décisif : c'est qu'en traitant du coton *décru* et *engallé* par l'alun préparé suivant la méthode de Macquer, jamais on ne parviendra à donner au coton, par le bain de garance, un rouge aussi vif et aussi solide que celui que prend dans le même bain le coton, lorsqu'il a reçu les apprêts huileux et les bains blancs, et nous nous croyons, à notre tour, fondés à dire que c'est principalement à ces apprêts que le rouge fait par le procédé du Levant doit sa supériorité sur le rouge de garance appliqué au coton qui n'a pas été préparé par les bains huileux.

« Le coton disposé, au contraire, par le procédé d'Andrinople, s'empare avec avidité de la partie colorante, dans l'opération du garançage, en la supposant bien conduite, c'est à-dire d'après les règles que nous avons données plus haut. La couleur extraite de la garance se fixe solidement sur le coton par l'intermédiaire des mordants qu'il a reçus, et avec lesquels il a été entièrement combiné d'avance, savoir : la matière grasse de la fiente, le principe huileux, le mordant de galle et d'alun auxquels il faut ajouter l'albumine que fournit le sang que l'on mêle au bain de garance, et peut-être d'autres matières animales, et quelques-uns des sels que contient ce liquide ; car il est bien prouvé que le sang n'agit point par la partie colorante rouge qui lui est propre, et qu'elle n'ajoute rien à la partie colorante de la garance.

« Le coton ne prend, dans le garançage, qu'un rouge terne et obscur, tirant plus ou moins sur le brun, et qui n'a rien d'agréable à l'œil ; il a donc fallu imaginer un moyen de lui enlever cette teinte sombre, et de le rappeler à un rouge franc et bien déterminé. C'est à quoi l'on est parvenu par l'opération de l'*avivage*, dont l'effet est de découvrir la couleur rouge, masquée par une matière colorante brune, que le bain d'avivage dissout et sépare du coton. Le rouge, ainsi découvert, commence déjà à plaire à l'œil, et pendant longtemps on s'est contenté de ce rouge, auquel cependant on donnait un peu de vif en l'exposant pendant quelques jours sur un pré. Il est même encore quelques ateliers de teinture, en France et à l'étranger, où l'on se contente d'aviver ainsi le rouge des Indes.

« Mais, au moyen d'une dernière opération que l'on nomme *rosage*, le coton acquiert un éclat et une vivacité bien supérieurs à ceux que pouvait lui procurer l'avivage. Pour obtenir cet effet, on fait bouillir le coton pendant quatre ou cinq heures, comme il a été dit, dans une solution de savon blanc, à laquelle on ajoute une solution de sel d'étain, et avec laquelle il est dans l'usage de mêler une certaine quantité d'acide nitrique à 36 degrés. Il nous paraît que, dans cette opération, le savon et le sel d'étain se décomposent mutuellement; que l'acide hydrochlorique, ainsi que l'acide nitrique ajouté, s'emparent de la soude qui faisait partie du savon ; que l'huile, séparée de l'alcali, s'unit à l'oxyde d'étain pour former un savon métallique acide, qui achève d'éclaircir le rouge, et qui lui donne ce brillant qui le rend si flatteur à l'œil.

« Il ne faut point d'autre preuve de la nécessité d'être instruit en chimie pour bien pratiquer l'art de la teinture, que l'exemple qui s'offre ici dans le procédé du rouge des Indes. En essayant une théorie de ce procédé si compliqué dans ses opérations, je ne me suis point dissimulé la difficulté du travail, et elle sera sentie par tous ceux qui savent ce que c'est que d'appliquer les principes de la chimie aux arts, et surtout à l'art de la teinture.

« Quand je n'aurais fait que de préparer à d'autres la route à suivre, en la débarrassant d'une partie des épines dont elle est hérissée, j'espère que mes efforts n'auront pas été tout à fait inutiles. »

§ LXXIV

INDICATIONS THÉORIQUES DE M. D. GONFREVILLE SUR LA FIXITÉ DU ROUGE DES INDES, DE MADURÉ (1830)

..... « On voit par le système d'opérations que nous venons de décrire (les quatorze premières opérations) qu'on applique d'abord toute l'huile nécessaire à l'apprêt en un ou deux bains, puis qu'on donne une série de dix à douze bains de simple lessive de cendres d'oumeripfoundou.

« Il y a une différence notable alors dans notre système qui consiste à donner au contraire huit, dix et même douze bains d'huile, très-faibles à la vérité, et seulement un ou deux sels, ou quelquefois même aucun (1); cela est une différence essentielle; mais notre sel de soude, pour faire le bain blanc, est pur; l'alcali indien ne l'est pas, et par cela même devient plus favorable à leur système d'opération, et voici comment : dans ce procédé de Maduré on ne donne pas d'aluminage, et cependant la couleur obtenue est fixe au plus haut degré, et je ne crois pouvoir mieux expliquer cette anomalie qu'en reconnaissant que le sel de l'eau d'oumeripoundou contient quelque base outre l'alcali, qui fait un savon métallique qui fixe peu à peu l'huile et fait mordant.

« L'analyse, faite avec soin, a prouvé en effet la présence d'une certaine quantité d'argile, d'alumine, dans les cendres d'oumeripoundou (2).

« L'alumine soluble dans les alcalis s'applique ainsi en petite quantité à chaque opération appelée *sel*, mais ces douze bains successifs en fixent enfin une quantité suffisante pour dispenser de tout autre aluminage ; je crois que c'est là la meilleure théorie à chercher dans le procédé de Maduré sans aluminage, et que cette dissolution très-faible de l'alumine dans un alcali serait le moyen certain d'augmenter encore la fixité de nos couleurs garancées (3).

« En donnant un nombre suffisant de bains sur cet apprêt primitif d'huile, nul doute qu'il ne se fixe ainsi sur le tissu quelque chose de semblable à un *oléate d'alumine* parfaitement insoluble, intimement combiné, et que l'action de l'air et de la lumière pendant plus d'un mois ne modifie encore avantageusement pour le but proposé. — Dans ce moment, les éléments de ce qui constitue l'apprêt doivent être parfaitement combinés au tissu.

« L'opération du dégraissage a un double but dans ce système d'opérations :

« 1° Non-seulement, comme dans notre système, d'enlever l'huile non fixée au tissu et tout l'alcali qui a servi d'intermédiaire pour rendre son application uniforme et plus facile, mais encore :

« 2° De dégorger le mordant qui a été fixé en même temps. L'huile seule a une affinité bien constatée pour la partie colorante du chaya-ver, mais il ne nous semble pas que cette affinité soit assez forte et puisse suffire pour fixer le teint au degré où on le trouve dans la teinture de Maduré. Il n'y a pas à douter un instant qu'il n'y ait là encore une base métallique incolore qui y concourt avec l'huile : telle est notre opinion. »

---

(1) Remarquons que D. Gonfreville donnait ces explications vers 1830.

(2) Voici, d'après M. Girardin, la composition de la soude extraite des *Salsola* :

Carbonate de soude (dominant).
Sulfate de soude.
Sel marin.
Sulfure de sodium.
Carbonate de chaux.
Alumine et silice unies en partie à la soude.
Oxyde de fer.
Charbon.
Phosphate de chaux et de magnésie.

(3) Rappelons que J.-M. Hausmann proposait déjà, en 1792, l'aluminate de potasse dans la préparation des mordants huileux pour la teinture en rouge turc.

§ LXXV

THÉORIE DE M. DUMAS (1846) (1)

« S'il est difficile aujourd'hui de pouvoir donner une explication précise et complétement satisfaisante de la teinture en rouge d'Andrinople, il n'en est plus de même quand il s'agit de déterminer la part que peuvent avoir séparément les diverses opérations dont nous venons de parler.

« *Décreusage.* — Il est bien évident, par exemple, que si le décreusage, en débarrassant l'étoffe des substances étrangères, rend la fixation de la matière colorante moins sûre, il rend la couleur fixée plus belle et plus vive; mais la couleur propre du coton ne peut exercer qu'une influence bien faible sur un rouge aussi foncé; tandis que la modification que le coton éprouve dans la constitution de ses fibres, soit par le décreusage, soit surtout par le blanchiment, paraît défavorable.

« Quant au *bousage* ou bain de *fiente*, il n'est pas bien démontré, comme Vitalis l'avait admis, que cette opération soit bien indipensable ; ce qu'il y a de certain, c'est qu'on peut s'en passer sans que cela nuise à la beauté de la couleur.

« *Huilage.* — L'huilage est une opération importante qui a pour objet de rendre le tissu plus apte à fixer la matière colorante. Voici comment nous concevons son action :

« En considérant, d'une part, qu'on ajoute toujours à la matière colorante grasse une certaine quantité d'eau alcaline, et que, d'autre part, la matière dite *huile tournante*, dont la saponification est plus facile que celle de toute autre huile, était en outre celle qui donnait les meilleurs résultats pour l'huilage du coton, quelques personnes avaient pensé qu'il se formait un savon acide dont toutes les parties de l'étoffe s'imprégnaient, et qui déterminait la fixation de la matière colorante.

« Mais des expériences très-précises, faites par M. Chevreul, sur de l'huile extraite du coton, par l'intermédiaire de l'alcool, avant l'opération du garançage, lui ayant démontré qu'il n'existait dans cette dernière aucun acide gras libre, nous pensons (Dumas) que le rôle de la matière alcaline est d'émulsionner l'huile, de la diviser, de rendre ainsi toutes les parties de l'étoffe plus aptes à s'en pénétrer, et par suite à produire une teinture plus uniforme et plus solide. On peut concevoir, en effet, que si le tissu est pénétré d'un liquide huileux, celui-ci se déplaçant sous l'influence de la liqueur teignante, deviendra la cause de ces phénomènes d'endosmose au moyen desquels s'effectuent tant de pénétrations qui seraient impossibles par tout autre procédé.

« Quant au séchage à la chambre chaude, qui suit chaque immersion dans le bain huileux, il a nécessairement pour but d'augmenter la fluidité de l'huile, et de la faire pénétrer plus avant dans l'intérieur du tissu qui, en perdant l'eau qui remplit les pores de la fibre ligneuse, devient par suite bien plus apte à absorber l'huile elle-même.

« L'opération du *dégraissage* a pour but d'enlever l'excès d'huile qui reste interposé dans les interstices de l'étoffe et qui nuirait plutôt qu'elle ne servirait dans les opérations subséquentes.

« L'*engallage* et l'*alunage* qui se donnent séparément ou simultanément, ont pour effet certain de donner un rouge plus élevé, ainsi que cela résulte de l'expérience journalière, et ainsi du reste qu'on pouvait le prévoir.

« Dans le *garançage*, la matière rouge se fixe par l'action spéciale de l'alumine provenant de l'alun décomposé, soit que celui-ci ait été ramené à l'état de sous-sel, soit qu'il ait éprouvé une décomposition complète.

« Dans l'*avivage*, où l'on emploie une dissolution de savon bouillante avec un excès d'alcali, on décompose complètement l'alun qui pourrait encore rester sur le tissu ; d'une autre part, on enlève probablement quelques matières brunâtres appartenant soit à la garance, soit à la noix de galle, et qui nuirait à la beauté du rouge.

---

(1) Dumas. — *Traité de chimie appliquée aux arts*, Paris, 1846, t. VIII.

« Enfin M. Chevreul pense que l'alcali peut modifier la matière colorante et lui donner une nuance plus agréable.

« Quant à la dernière opération, celle du *rosage* (avivage à l'étain), il est bien difficile de se rendre compte du rôle qu'y jouent les diverses substances dont on fait usage.

« Il résulte enfin, des expériences comparatives faites par M. Chevreul, avec du coton teint, d'une part, en rouge ordinaire, et de l'autre, en rouge turc, que si ce dernier résiste mieux que l'autre à l'action des dissolutions savonneuses, l'inverse a lieu quand les deux étoffes sont exposées simultanément à l'action de la lumière solaire. Le rouge turc perd aussi plus facilement sa matière colorante par le frottement, ce qui semblerait indiquer que la couleur du rouge turc est plutôt interposée que profondément fixée et qu'elle diffère un peu à cet égard de la couleur du rouge ordinaire. »

§ LXXVI

CONSIDÉRATIONS THÉORIQUES SUR LE ROUGE D'ANDRINOPLE, D'APRÈS M. PERSOZ PÈRE (1846) (1)

Dans son classique *Traité de l'impression des tissus*, M. Persoz père donne les considérations théoriques suivantes sur la fixité de la teinture en rouge d'Andrinople :

« Pour huiler les toiles, dit-il, il ne suffit pas de les recouvrir de corps gras, puisque l'expérience prouve qu'une tache d'huile ou de graisse qui n'est pas modifiée, fait réserve sur la partie du tissu qu'elle recouvre, et empêche les mordants de fer ou d'alumine d'y adhérer; il faut modifier la nature de ce corps à l'aide d'alcalis ou des composés alcalins, sous la triple influence de l'eau, de la chaleur et de l'air.

« Toutefois, il ne s'agit pas ici d'une simple saponification, comme quelques personnes l'ont publié, car, s'il en était ainsi, il suffirait de prendre des savons à base d'huile d'olive, d'en imbiber le tissu, puis de mettre les acides gras en liberté, pour obtenir des toiles capables de se teindre en rose dans un bain de garance : ce qui n'a pas lieu, puisque l'opération de l'huilage ne réussit jamais mieux que quand on fait usage de carbonate et surtout de bicarbonate sodique ou potassique, dont l'action saponifiante à la température ordinaire n'est point à comparer à celle des alcalis caustiques; l'on doit donc en rechercher la cause ailleurs.

« L'huile, les bicarbonates alcalins sont sans doute les éléments principaux de cette opération; mais l'huile doit être *tournante*, et, en outre, il faut y faire intervenir des substances de nature particulière, telles que le *crottin de mouton* ou la *fiente de vache*, qu'on a en vain cherché à supprimer. »

Suit la description du *bain blanc*. — On foularde les pièces dans ce bain.

« Ces pièces sont alors exposées au soleil, s'il fait beau temps, ou dans un séchoir chaud, si on le préfère.

« Pendant cette exposition, le corps gras éprouve une modification qui le rend insoluble dans les alcalis faibles et acquiert à un haut degré la propriété d'adhérer fortement au tissu; mais comme cette modification s'effectue de la surface au centre et que les parties superficielles de chaque couche, n'entrant pas en combinaison avec l'étoffe, s'en détachent facilement, on recommence l'opération du bain blanc jusqu'à ce que le centre de la toile soit suffisamment huilé.....

..... « Le soleil et la chaleur exercent une très-grande influence sur les pièces qu'on dessèche à l'air; en automne, en hiver et au printemps, on éprouve beaucoup plus de difficultés qu'en été à modifier et à fixer le corps gras.

« Lorsque ces pièces sont exposées dans un séchoir, les effets de la chaleur artificielle ne se font pas moins remarquer, et si l'on n'atteint pas le degré voulu, on observe de notables différences dans l'intensité des nuances.

..... « Quelle est la modification que subit le corps gras lorsqu'il est soumis, en présence du tissu, à la triple influence de l'air, de la chaleur et des carbonates alcalins? Quels sont

_____

(1) *Traité théorique et pratique de l'impression des tissus.*

les produits dans lesquels il se métamorphose? En un mot, quelle est l'équation de cette opération mystérieuse? »

§ LXXVII

Expériences de M. Weissgerber. — Après avoir posé ces questions, M. Persoz père fait connaître le résultat de quelques observations faites en 1839, dans son laboratoire, par un jeune
industriel de ses élèves, M. Weissgerber.

« Ce fabricant, dit-il, destiné à cette époque à faire du rouge turc sa spécialité, a observé
que les toiles huilées par les procédés ordinaires, qui cèdent leur corps gras modifié à
l'*essence de térébenthine*, abandonnent aussi parfaitement ce même corps à l'*acétone* (esprit de
bois); ainsi, après avoir coupé en lanières des toiles huilées, il les a exposées dans l'allonge
d'un appareil à déplacement, et au moyen d'un petit volume d'acétone, il est parvenu à les
purger de tout le mordant organique dont elles étaient recouvertes. Voici comment il s'en est
assuré : toutes les fois qu'il faisait passer la toile huilée dans un bain de garance, elle se
teignait en rouge moyen, et il obtenait, à la suite des avivages, un rose pur et bien nourri ;
au contraire, cette toile, à mesure qu'elle était épuisée par l'acétone, perdait de plus en plus
la propriété de se teindre et finissait par ne plus attirer de matière colorante en passant dans
le bain de teinture. Ayant distillé au bain-marie la solution du mordant dans l'acétone, pour
en retirer ce dernier, il trouva pour résidu un liquide visqueux, de nature grasse, se séparant en deux couches : l'une solide, l'autre liquide, et qui se maintient pendant longtemps
dans le même état.

« Dans le désir de savoir si ce liquide visqueux possédait encore la propriété essentielle du
corps gras qui lui avait donné naissance, il le saponifia par des bases puissantes, et n'ayant
trouvé aucune trace de glycérine dans les produits de la saponification, il dut en conclure
que ce corps avait disparu.

« Enfin il (M. Weissgerber) a constaté, et nous (M. Persoz) avons vérifié le fait à plusieurs
reprises, qu'il suffit d'appliquer sur une étoffe une quantité convenable de ce corps gras modifié pour obtenir avec la garance les nuances les plus foncées et les plus pures.

« D'après ce que nous avons vu, ajoute M. Persoz, nous demeurons convaincu que si
jamais on vient à préparer directement ce corps gras, on s'affranchira de l'emploi des mordants d'alumine. — Cette proposition, dit-il, au premier abord assez extraordinaire, a pour
appui une observation qu'a faite M. Chevreul, vers 1830, *sur un certain rouge turc* qu'il a ana-
lysé, et dont il n'a pu retirer qu'une très-petite quantité d'alumine, substance qui s'emploie
en assez forte dose dans la fabrication du rouge turc. Si la glycérine disparaît dans cette opération, c'est en subissant une oxydation et une métamorphose qui ont leurs causes : la première, dans le concours de l'air et les conditions de température auxquelles on opère l'huilage ; la seconde, dans l'emploi des substances azotées indispensables pour mettre en
mouvement la matière organique. — C'est sans doute à ces substances qu'il faut rattacher en
grande partie la nécessité de se servir de matières fécales ou excrémentitielles ; nous disons
en grande partie, parce qu'il résulte d'expériences qui nous sont propres sur des produits de
cette espèce, qu'ils contiennent des corps gras précisément dans cet état où on les retrouve sur l
toile, qui jouit de la propriété d'attirer la matière colorante, ce qui nous a conduit à nous
demander si l'on ne pourrait pas utiliser l'acte de la digestion de certains animaux pour modifier ces graisses, et les rendre propres à entrer directement, sous forme d'excréments, dans
la teinture du rouge turc.

« Tous ceux qui se sont occupés du rouge turc savent que les *bains blancs* sont d'autant
plus actifs qu'ils renferment une plus forte proportion de *bain blanc ancien*, dans lequel se
rencontre, avec le corps gras ordinaire, celui qui est déjà modifié.

« On a attribué au crottin un autre rôle, celui de mettre par sa présence les pièces à l'abri
de cette combustion qui n'est que trop ordinaire lorsqu'on a l'imprudence de les laisser en
tas et de leur donner le temps de s'échauffer. L'élévation de température qui a lieu dans ce
cas-là peut très-bien être attribuée à une fixation d'oxygène ; or, si le corps azoté du crottin a
pour effet, comme tout porte à le penser, de rendre le corps gras plus stable en le métamor-

phosant, on s'explique la cause de l'influence qu'il exerce. Il y aurait peut-être aussi à tenir compte du rôle que pourraient jouer dans les opérations qui suivent celles de l'huilage, les phosphates qui se rencontrent en assez grande quantité dans les matières excrémentitielles. »

Ainsi, d'après l'opinion de M. Persoz père, la solidité du rouge turc aurait pour cause principale la formation sur le tissu d'un corps gras modifié, et il attribue la modification « mystérieuse » qu'éprouve le corps gras à l'action :

1° Des principes azotés contenus dans les matières excrémentitielles ;

2° A l'action de l'air et de la chaleur solaire.

Remarquons aussi dans les considérations théoriques ci-dessus que M. Persoz s'exprime formellement sur l'inutilité de l'alumine, opinion beaucoup trop radicale à notre sens et en désaccord avec ce que démontre la pratique.

§ LXXVIII

INDICATIONS THÉORIQUES DE M. SCHÜTZENBERGER (1867) (1)

« Avant de mordancer en alumine, on prépare le tissu ou le fil de coton au moyen d'un corps gras (huile tournante), que l'on modifie convenablement, par l'action combinée ou successive des carbonates alcalins, de la chaleur, de la lumière et des influences atmosphériques.

« Le produit de l'altération spéciale de l'huile tournante fonctionne déjà comme mordant, et attire en bain de garance, pour donner un rouge moyen qui, après avivage, passe au rose pur. Combiné avec l'alumine ou l'oxyde de fer, il communique à la laque des caractères remarquables de solidité, qui permettent un avivage très-intense. »

La clef de la fabrication du rouge d'Andrinople réside, d'après M. Schützenberger, « *dans l'intervention des corps gras et dans la modification toute spéciale qu'on leur fait subir.* »

« On ignore encore, ajoute-t-il, quelle est la nature exacte de l'altération de la graisse, par quelle série de transformation elle devient apte à jouer un rôle aussi utile? Est-il possible de provoquer les modifications en dehors du tissu, pour arriver à l'huiler instantanément et par une simple impression? Toutes ces questions, qui sont d'un grand intérêt, ont jusqu'à présent vainement exercé la sagacité des chimistes les plus habiles. »

Après avoir décrit sommairement la préparation et l'emploi de l'huile tournante, M. Schützenberger ajoute :

« Les expériences de M. Ed. Schwartz (citées aussi par M. Persoz) démontrent la nécessité de l'intervention des alcalis et de préférence des alcalis carbonatés, ou des bicarbonatés. Suivant les résultats observés par cet habile chimiste technicien, ces corps n'agissent pas seulement en permettant l'émulsion et la division du corps gras, mais ils ont en outre une influence capitale dans la marche de la modification qu'il doit subir. »

Puis, « il semble aussi qu'il est utile d'ajouter au bain blanc une certaine proportion de crottin de mouton ou de fiente de vache. Cette addition, faite dans le but, soi-disant, d'animaliser le tissu et de le rapprocher ainsi des fibres animales, peut être favorable, parce que les éléments des produits excrémentitiels des herbivores concourent à favoriser l'altération du corps gras. »

« Remplaçant ici (dans l'huilage) les faits positifs, qui font défaut, par des hypothèses, nous pourrions, dit M. Schützenberger, faire entrevoir la transformation mystérieuse du corps gras, dérive d'une oxydation lente, qui trouve, jusqu'à un certain point, sa confirmation dans les phénomènes si connus de l'absorption de l'oxygène par les graisses et dans les combustions spontanées, observées quelquefois sur les tissus huilés, lorsqu'ils sont entassés sans précaution et sans aérage suffisant pour éviter l'élévation de température. »

« Il est vrai, ajoute-t-il, qu'on a varié de bien des manières l'influence des oxydants sur l'huile, sans parvenir à la modifier, en dehors du tissu, dans un sens favorable à la produc-

---

(1) *Traité des matières colorantes*, t. II, p. 280 et suiv.

tion du rouge turc; mais ce résultat négatif ne prouve rien en défaveur de l'oxydation. Ce phénomène, s'il n'est pas prouvé définitivement, est tout au moins très-probable. »

M. Schützenberger indique ensuite les expériences de M. Weissgerber et les complète en décrivant ses propres essais :

§ LXXIX

« J'ai moi-même extrait, dit-il, par l'*alcool acide*, la substance grasse d'un tissu teint et avivé pour rouge turc. Après saturation de l'acide sulfurique par l'ammoniaque et filtration précipité d'alun, la solution a été concentrée et précipitée par l'eau. Le dépôt filtré, lavé et séché a été épuisé par le sulfure de carbone qui dissout la graisse avec très-peu de colorant. Ce qui reste représente de l'alizarine pure. Après élimination du sulfure de carbone, j'ai obtenu un résidu huileux un peu rougeâtre. Traité par l'eau de baryte, ce liquide a fourni immédiatement à froid un savon barytique. Il contient donc de l'acide gras libre. La partie non attaquée à froid a été bouillie avec l'hydrate de baryte; il s'est produit, par une véritable saponification, une nouvelle quantité de savon; enfin, il est resté une notable proportion d'une graisse neutre non saponifiable et qui représente probablement le corps de M. Weissgerber. Le savon barytique ainsi obtenu est soluble dans l'alcool, d'où il cristallise en aiguilles.

« On sait que l'acide sulfoléique, obtenu par la saponification sulfurique de l'huile, fournit, en se décomposant par l'eau, une substance jouissant, jusqu'à un certain degré, du pouvoir de solifier beaucoup les couleurs garancées, lorsqu'elle est introduite dans l'impression du mordant. Il est, d'après cela, probable que c'est l'oléine de l'huile qui concourt essentiellement à la production de ce mordant organique spécial.

§ LXXX

« L'huile modifiée, poursuit M. Schützenberger, agit :

« 1° Comme mordant; d'après les analyses de M. Chevreul, certains rouges turcs ne renferment qu'une proportion minime d'alumine ;

« 2° Comme solidification de la laque rouge;

« 3° M. Kullmann a démontré de plus qu'elle jouit du pouvoir de précipiter énergiquement et de retenir les oxydes métalliques, tels que l'oxyde fer.

..... « En y réfléchissant, ajoute M. Schützenberger, on est tenté d'attribuer la nuance spéciale et l'éclat du rouge turc à un effet physique. Le corps gras modifié fluide, qui imprègne le tissu, tend à s'accumuler à la surface, par un effet de capillarité, et par conséquent la laque complexe *est surtout superficielle.* »

A l'appui de cette idée, M. Schützenberger rappelle que M. Persoz a fait observer que les plus beaux rouges offrent une *tranche interne presque blanche*, lorsqu'on la déchire.

« L'augmentation de solidité peut également être due à l'influence physique de l'huile qui, enveloppant les particules de laque, les préserve de l'action trop directe des agents destructeurs.

« Mais, dira-t-on, comment concevoir alors la teinture, si le mordant ne se mouille pas, entouré qu'il est d'huile fluide? Cette objection peut être facilement levée. La graisse dissout facilement de la matière colorante et la transmet à l'oxyde métallique aussi bien que l'eau.

« Ces considérations ne sont pas de nature à faire dénier toute action chimique de l'huile modifiée, dans le développement des propriétés spéciales du rouge d'Andrinople.

..... « Le dégraissage qui suit les opérations de l'huilage a pour but d'éliminer les parties du corps gras non modifiées et celles qui, modifiées, n'adhèrent pas à la fibre.

..... « Vient ensuite l'opération du mordançage. La précipitation de l'alumine est ici facilitée par l'attraction exercée par la matière organique. »

Arrivant à la question de l'avivage, M. Schützenberger donne les considérations suivantes :

..... « Le savon ne peut plus avoir pour effet de fixer sur le tissu de l'acide gras. Il serait possible cependant que l'acide gras libre trouvé par moi dans la graisse liquide retirée d'un tissu rouge avivé provint de cette source.

« Sa principale action (celle du savon), ainsi que celle du carbonate alcalin, est d'éliminer les matières fauves et colorantes, autres que l'alizarine.

« Quant au sel d'étain, il détermine bien certainement la précipitation d'une certaine dose d'oxyde d'étain, qui fait virer la nuance de la laque complexe, et lui donne cette couleur feu qui est l'un des apanages du rouge turc. »

§ LXXXI

OPINION DE M. JENNY (1869) (1)

« En 1869, M. Jenny a présenté à la Société industrielle de Mulhouse un Mémoire sur la *Théorie de la fabrication du rouge d'Andrinople*, mémoire qui a été l'objet d'un rapport où M. Schœffer a conclu avec beaucoup de réserves. Quoi qu'il en soit, on verra néanmoins que le travail de M. Jenny, dont nous ne donnons que les faits les plus saillants, est d'un chimiste praticien sérieux.

« *Lessivage*. — La première opération qu'on fait subir aux tissus destinés à être teints en rouge turc a pour but de les débarrasser de certaines impuretés qui ont été successivement introduites dans la filature et le tissage.

« On réalise cette purification au moyen d'une macération dans l'eau tiède : les substances salines sont ainsi dissoutes et les matières amylacées transformées en glucose par la fermentation qui ne tarde pas à s'établir dans le sein de la masse, surtout lorsque, par le flambage, on n'a pas détruit les germes des ferments qui se trouvent sur les tissus écrus.

« Après avoir enlevé les matières amylacées provenant du parement, on passe les tissus dans une dissolution alcaline bouillante, pour en faire disparaître les corps gras et résineux ; l'emploi de la chaux et du savon de résine, usité, comme on sait, dans le blanchiment des tissus de coton, doit être rejeté lorsqu'il s'agit de tissus à teindre en rouge turc.

« *Huilage*. — On emploie pour cette opération un mélange de carbonates alcalins, de bouse de vache et d'huile tournante.

« Le carbonate de potasse doit être préféré au carbonate de soude dans les pays chauds, parce qu'il est hygrométrique, condition utile pour la bonne réussite de l'opération ; dans les pays humides, comme l'Angleterre, on emploie le carbonate de soude ; un mélange des deux sels paraît avantageux d'une façon générale.

« La bouse de vache agit sans doute de deux façons : la matière azotée mucilagineuse qu'elle renferme (bubuline de M. Morin) se gonfle considérablement dans les carbonates alcalins, elle favorise donc l'état d'émulsion de l'huile ; d'autre part, la putréfaction de cette bouse amène un dégagement carbonique dont nous verrons plus tard l'utilité.

« L'huile exclusivement employée dans nos pays est l'huile d'olive ; elle doit être *tournante*, c'est-à-dire qu'au contact des solutions alcalines, elle doit former une émulsion persistante : cette propriété est due à la présence dans l'huile tournante d'une quantité plus ou moins forte d'acides gras, qui forment avec les alcalis une masse gélatineuse dont la consistance maintient en suspension les plus fines particules huileuses.

« Tous les procédés (c'est M. Jenny qui parle) proposés pour rendre les huiles tournantes ont pour but de dédoubler les glycérides de cette huile et de mettre les acides gras en liberté.

« L'acide margarique s'émulsionne avec une extrême facilité, même avec du carbonate de potasse à 1 degré ; il doit donc être considéré dans une huile comme plus avantageux que l'acide oléique. » — (Alors pourquoi, plus loin, l'auteur fait-il intervenir de préférence la formation d'*oléate* d'alumine?)

« L'état d'émulsion d'une huile permet de répandre celle-ci sur la fibre aussi uniformément qu'on le désire.

« *Étendage*. — Les tissus chargés du bain d'huile sont exposés à l'air pour les sécher. Cette

---

(1) Nous extrayons cette théorie du *Moniteur de la teinture*, de M. Gouillon.

dessiccation doit se faire à une basse température; elle a pour but d'éloigner l'eau qui, autrement, permettrait plus tard à l'huile de se séparer superficiellement et de se détacher dans les opérations suivantes : dans cette opération, les carbonates se transforment en bicarbonates; l'acide carbonique provient en partie de l'air, en partie de la putréfaction de la bouse de vache.

« *Dessiccation à air chaud*. — Le but de cette opération est de dégager l'huile de son enveloppe émulsive (gelée d'acides gras, savon, mucilage de la bouse) et de lui permettre de pénétrer dans la fibre et de l'imprégner peu à peu; il est important que la mise en liberté de l'huile se fasse lentement et progressivement. On doit donc tenir compte des faits suivants : la séparation de l'huile a lieu, parce que la gelée fournie par les acides gras avec les carbonates alcalins prend, sous l'influence d'une augmentation de température, une consistance assez fluide pour permettre aux globules d'huile de monter à la surface et de se séparer; l'huile qui se sépare ainsi n'est plus capable de s'émulsionner, elle ne renferme plus d'acides gras libres.

« Les gaz (acide carbonique), en se dégageant à travers l'émulsion, favorisent la séparation de l'huile; comme ils n'agissent qu'après que les alcalis sont saturés, la séparation de l'huile est plus rapide avec les lessives faibles qu'avec les lessives concentrées.

« La quantité d'huile séparée est plus abondante avec les lessives concentrées qu'avec les lessives faibles, à une température élevée qu'à une température basse, après douze heures qu'après un laps de temps moindre, avec les alcalis caustiques qu'avec les alcalis carbonatés, avec la potasse qu'avec la soude.

« Le savon formé dans la réaction joue un rôle important dans la séparation de l'huile, car il a un pouvoir émulsif considérable.

« Les *bains blancs* continuent l'action du bain d'huilage; on doit donc les multiplier jusqu'à ce que les acides gras aient été complétement saponifiés, que toute l'huile ait pénétré dans la fibre et que l'excès de savon ait été enlevé.

« Plusieurs chimistes ont émis l'opinion que l'huile ne joue un rôle dans la teinture en rouge ture que parce qu'elle s'oxyde à la surface des tissus, et que cette huile oxydée, dans des conditions spéciales, possède la propriété de fonctionner comme mordant. M. Jenny combat cette manière de voir et s'est, dit-il, assuré, par des expériences directes, que l'huile ne s'oxyde qu'en des proportions très-faibles et tout à fait insuffisantes pour qu'on puisse leur attribuer un rôle important.

« S'il s'agit donc uniquement de déposer une certaine quantité d'huile à la surface du tissu, ne pourrait-on pas avoir recours à d'autres procédés plus rapides et plus économiques? La nécessité d'employer des carbonates alcalins a été constatée de tous temps : ce sel agit en modifiant la fibre physiquement et la rend plus apte à se combiner aux matières colorantes.

« *Mordançage*. — Les solutions neutres des sels d'alumine se décomposent au contact de la fibre; il y a dialyse. L'alumine se précipite à la surface du tissu, l'huile s'opposant à ce qu'elle pénètre dans la fibre; le savon, dont on ne peut, malgré des lavages répétés, débarrasser complétement le tissu, détermine la formation d'*oléate d'alumine*. Le tannin, les phosphates, favorisent la décomposition de l'alun.

« *Teinture*. — L'alizarine et la purpurine ont pour la teinture en rouge d'Andrinople une valeur égale; mais la purpurine, étant plus soluble que l'alizarine, se fixe rapidement, tandis que l'alizarine n'agit que grâce à la présence du tannin, qui est un excellent dissolvant de cette matière colorante.

« Le sang qu'on ajoute fréquemment dans le bain de teinture le débarrasse, par son albumine, des matières résineuses et brunes qui terniraient la laque (1). La craie n'agit absolument qu'en neutralisant les acides contenus dans la garance. L'alumine et son oléate se saturent de matières colorantes. La masse est à son maximum d'intensité et de vivacité à 50 et 60 degrés;

---

(1) Si le sang n'a que ce rôle d'agent clarificateur de bain de garance, pourquoi lorsqu'on fait usage d'*alizarine artificielle*, emploie-t-on encore le sang ou autre matière albumineuse?

la puissance absorbante de l'alumine diminue à partir de cette température ; mais il est néces-saire de monter jusqu'à l'ébullition pour déterminer la transformation de l'alumine en métalumine, qui résiste beaucoup mieux à l'action des corps gras qui sont utilisés pour l'avivage.

« *Avivage.* — Le but de cette opération est d'éliminer de la laque toutes les matières étran-gères, de saponifier une notable quantité d'huile et de débarrasser aussi le tissu du toucher gras qu'il possède jusqu'à ce moment, de réduire au moyen du sel d'étain les corps bruns qui disparaissent alors à l'état soluble, de remplacer une partie de l'alumine par de l'oxyde stannique.

« Dans ces avivages, de l'alizarine est mise en liberté, elle se dissout dans l'huile qui adhère aux tissus et qui, se saturant ainsi de couleur, ajoute sa masse à celle de la laque.

« *Conclusion.* — On a sur le tissu une combinaison d'acides gras, d'alumine, de chaux (1), d'acide stannique, de purpurine et d'alizarine. Cette combinaison est pénétrée et protégée par une huile complètement neutre et saturée d'alizarine pure. La laque est déposée dans la fibre de telle sorte qu'elle présente à l'œil toute la vivacité et tout le feu qu'il est possible de lui donner. »

§ LXXXII

OPINION DE M. WARTHA (1872) (2)

En poursuivant des travaux entrepris sur la marche de la teinture en rouge turc, M. Wartha serait parvenu à constater que :

« Le feu tout particulier qui distingue les articles garancés, teints en rouge turc, repose sur une combinaison particulière d'un acide gras avec l'alizarine, combinaison qui n'adhère pas bien fortement à la fibre, et qu'on peut extraire par les essences de pétrole et l'éther.

« Si on évapore la solution, pétrolée ou éthérée, on obtient une matière grasse d'un rouge écarlate, plein de feu, qu'on ne parvient à décomposer que par une lessive concentrée de potasse, ou en la fondant avec la potasse, et alors elle présente les réactions caractéristiques de l'alizarine. La matière extraite a perdu tout son feu, le ton qu'elle a pris se rapproche plutôt du rouge cerise, et ressemble complètement aux couleurs garances produites simple-ment par les mordants d'étain. »

M. Wartha, dont l'opinion et les expériences se rapprochent de celle de MM. Persoz, Weisgerber et Schützenberger sur le rôle de la matière grasse dans la fabrication en rouge turc, prépare l'alizarine pure par l'application du procédé décrit ci-dessus. (Suit la description de ce procédé.)

§ LXXXIII

EXPÉRIENCES ET OPINION DE M. A. MULLER, DE ZURICH (1872) (3)

Le mode de préparation de l'alizarine de garance pure indiqué par M. Wartha a servi à M. A. Muller, en y apportant quelques légers changements, à résoudre (d'après lui) la question de la solidité et de la permanence dans la couleur des tissus teints en rouge turc.

En répétant les expériences de M. Wartha, M. A. Muller a été frappé de la différence de temps qu'exige la solution de la matière colorante dans le bain d'épuisement (essence de pé-trole ou éther) sur des tissus provenant de divers établissements de teinture en rouge turc.

(1) Si, d'une part, la craie n'agit que pour neutraliser les acides contenus dans la garance, et de l'autre, qu'il n'y ait que l'alumine libre, l'oléate d'alumine et l'huile neutre qui se saturent de matières colorantes, comment M. Jenny explique-t-il la présence de la chaux dans la combinaison complexe colorée qui, d'après lui, se dépose sur le tissu ?

(2) *Chemisches Centralblatt*, 1872, n° 6, et *Technologiste*, 1873, t. 33, p. 61.

(3) *Chemisches Centralblatt*, 1872, n° 6.

Un examen approfondi lui a fourni ce résultat, aussi intéressant qu'inattendu, que le temps de la déteinte n'est pas modifié en quoi que ce soit par les proportions variables de l'alizarine, mais est directement proportionnel à la résistance de la couleur, à la lumière, à la soude, aux savons, aux acides et aux agents d'oxydation (chlorure de chaux, permanganate de potasse, etc.), et que cette résistance, sans nul doute, dépend de la méthode de mordançage. — En poursuivant ce genre de recherches, M. Müller a trouvé que plus une étoffe teinte en rouge turc renferme d'alumine, plus la couleur est susceptible de résister de temps à l'action du mélange de l'alcool et de l'acide chlorhydrique, et réciproquement, tandis que les tissus colorés que l'on peut dépouiller plus ou moins par l'éther de la combinaison rouge bien connue de l'alizarine et de la matière grasse, se montrent ainsi moins solides et moins bon teint.

M. Müller ne prétend en aucune façon soutenir que l'emploi d'une proportion plus forte d'huile dans le mordant enlève de la solidité à la teinture; mais il croit voir dans ses expériences la démonstration que l'huile ne sert, dans la production du rouge, que lorsqu'elle est portée complètement à cet état encore inconnu qu'on appelle l'état d'oxydation, sous lequel elle ne se dissout plus dans l'éther, mais que, par un reste d'acide gras non saponifié, il se peut bien que l'huile agisse, surtout à la lumière, très-désavantageusement sur l'alizarine.

Pour apporter quelques preuves dans cette direction, M. Müller a pris des poids égaux des étoffes mises en expérience, ou des tissus du même compte de fils, ou bien aussi des bandes des mêmes dimensions qu'il a introduites dans le bain d'extraction, composé avec 10 volumes d'alcool à 96 centésimaux et 1 volume d'acide chlorhydrique d'un poids spécifique de 1.18. — Le mélange, dont il faut employer de fortes quantités, a été chauffé avec lenteur au bain-marie jusqu'à environ 50° centigrades. — On n'a pas tardé à voir, tantôt l'un, tantôt l'autre, des échantillons blanchir, et on a noté enfin le temps écoulé depuis le moment où on les a plongés jusqu'à celui où il y a eu décoloration complète, c'est-à-dire où tout rouge a disparu sur les étoffes ou les tissus. — On a de même observé très-exactement la durée de la décoloration sur les autres échantillons découpés, et dans les nombres ainsi obtenus, il a pu remarquer qu'il y avait un rapport suffisamment exact, relativement à la solidité ou le bon teint de toutes les couleurs qui ont fait le sujet des expériences.

§ LXXXIV

AUTRES CONSIDÉRATIONS SUR LA THÉORIE DU ROUGE TURC,
D'APRÈS M. A. MULLER, DE HARD, PRÈS ZURICH

Le même chimiste, dont nous venons de faire connaître les expériences relatives à la fixité du rouge turc, expériences pour ainsi dire complémentaires de celle de M. Wartha, donne dans le *Chemisches Centralblatt* (1873, n° 34), d'autres considérations théoriques sur le même sujet.

M. Müller part de cette hypothèse, « que les fibres du coton qu'on a plongé dans un bain de garance pour les teindre en rouge turc, renferment dans leurs pores une certaine proportion convenable, qui s'y trouve précipitée, d'alun, de tannin, et qu'il en est de même des peaux chamoisées. Cette hypothèse est basée sur l'analogie, qui a été démontrée par M. R. Wagner, entre les procédés du tannage et de la teinture. Même quand on n'adopterait pas que les précipités qu'on obtient par la gélatine, l'albumine, etc., et le tannin, l'alun et l'huile, ne soient pas, à proprement parler, du cuir, il n'en est pas moins certain que les fibres sont considérablement animalisées, qu'elles sont insolubles dans les acides faibles et les lessives tout comme le cuir ordinaire. On est donc autorisé à maintenir l'expression de précipité coriace. (*Leder niederschlæge.*) »

« On sait que le teinturier en rouge turc ajoute à son émulsion d'huile de la bouse de vache, qui renferme une proportion assez notable de gélatine et de matières protéiques. Sans ces sortes de substances, on n'obtient pas, à proprement parler, le mordant blanc, chose dont on peut se convaincre directement par des essais de teinture.

« 1° Il faut que dans le bain d'huile il y ait présence de la gélatine. La raison en est que, par un seul mordançage, il ne se forme que très-peu d'huile oxydée (peaux chamoisées), cause qu'il faut chercher dans la faible proportion relative de la gélatine dans le mordant. Il est démontré par là qu'il convient d'en ajouter une certaine quantité, attendu que la fibre du coton ne se prête pas à cette réaction, ou seulement parce qu'elle constitue une matière poreuse absorbant l'oxygène. Nous savons que, dans la préparation des peaux chamoisées, de même que dans la teinture en rouge turc, l'huile s'oxyde quand on l'abandonne pendant longtemps et qu'on la laisse sécher à l'air; mais nous ne savons à peu près rien de la marche de cette réaction et du produit final, ce qui, du reste, ne fait rien à l'affaire. Les expériences ont démontré qu'on pouvait provoquer l'oxydation artificiellement, sans élévation de température, par les hypochlorites alcalins (mais non pas par le permanganate de potasse). Quand on abandonne au repos un liquide de ce genre, il se forme déjà un corps poisseux, blanc, spécifiquement plus léger, mordant jouissant de propriétés indifférentes, soluble dans l'éther, l'essence de térébenthine et l'acétone. Traité par la gélatine, l'alumine et le tannin, il se colore ou se teint par l'alizarine artificielle en rouge écarlate. D'où l'on peut tirer la conclusion suivante :

« 2° Les solutions froides des hypochlorites alcalins peuvent, au bout d'un temps court, opérer l'oxydation de l'huile sur la fibre. »

De ces deux principes, M. Muller en a déduit qu'on pouvait obtenir un surrogat de l'huile tournante, qui est décrit au chapitre Huiles, du présent Mémoire. (Voir § LXIV.)

Résumé critique des théories du rouge d'Andrinople et conclusions.

Avant d'aborder nos considérations personnelles sur la théorie du rouge d'Andrinople, nous croyons devoir résumer d'une manière critique les diverses théories (données *in extenso* précédemment) émises, depuis près d'un siècle, pour expliquer la solidité de ce mode de teinture.

§ LXXXV

1778. — MACQUER (Voir § LXVI) ne donne de rôle prédominant qu'au mordant alcalin à base de terre d'alun, qui est véritablement l'*âme* de cette teinture, autrement dit à l'*alumine*.

Dans sa manière de voir, la matière grasse, modifiée ou non, et la matière albuminoïde (nous négligeons le tannin), semblent n'entrer pour rien; du moins il n'en est pas question dans ses écrits.

§ LXXXVI

1796. — VOGLER (Voir § XVII). Ce chimiste relate, dans les *Annales de chimie* de cette époque, des expériences qui ont trait, pour la première fois, nous le croyons du moins, à l'animalisation de la fibre végétale, par l'emploi de matières albumineuses industrielles, en remplacement de l'huile tournante.

L'emploi *constant* des matières albumineuses, telles que le sang, le fiel, etc., avait frappé Vogler, et ses expériences démontrent qu'il cherchait à se rendre compte du rôle des matières albuminoïdes. Il en arrive à proposer la suppression de l'huile et son remplacement par des mordants spéciaux à base d'alun, de colle forte ou de sérum de sang et de chlorures alcalins, mordants avec lesquels il aurait obtenu « un rouge très-foncé ayant beaucoup d'éclat. »

On verra que ces idées ont été reprises à notre époque et nous ne serions nullement étonnés d'apprendre que les moyens rapides employés par la maison Cordier, par exemple, gravitent autour d'elles, d'autant que, paraît-il, les rouges turcs Cordier ne contiennent pas d'huile, ce qui ne voudrait pas dire pour cela qu'il n'entre pas d'acides gras dans la préparation du ou des mordants.

§ LXXXVII

1798. — LE PILEUR D'APPLIGNY (Voir § LXVIII) fait jouer à l'alumine un rôle secondaire : la « liqueur savonneuse » (crottes de brebis dans une lessive d'alcali fixe) donne naissance, dans son évaporation dans les pores du coton, « *à une terre* » qui s'unit « avec une portion de l'huile » et forme « *un mastic* » que « l'alun perfectionne ensuite. »

Déjà, dans cette théorie, on voit surgir le rôle de la matière grasse, et, d'après nous, le rôle de la matière albuminoïde azotée du crottin de mouton, qui concourt à la production de ce « mastic » que l'alun perfectionne.

§ LXXXVIII

1807. — CHAPTAL (Voir § LX:X). Pour ce savant, l'huile forme d'abord une combinaison avec le tannin, puis avec l'alumine, et cette combinaison triple se fixant au coton « par une affinité très-forte », attire avec avidité « *le principe colorant* » de la garance. Aucun rôle pour la matière grasse.

Néanmoins, Chaptal dit ailleurs que « le sang a le double avantage de donner à la couleur de la garance un fond plus riche et plus vif, *et d'en augmenter la solidité.* »

§ LXXXIX

1810. — J.-M. HAUSMANN (Voir § XXI) revient à l'idée de l'animalisation de la fibre végétale, et sa conviction devait être profonde, car, après avoir proposé en 1792 un procédé dans lequel il n'emploie pas de matières animales, il propose, en 1810, l'emploi de « produits glutineux, séreux et caséeux », pour « *simplifier* » la teinture en rouge turc.

§ XC

1813. — BANCROFT (Voir § LXX). Tout en adoptant l'idée de Chaptal, ce chimiste pensait que la *fixité* du rouge turc dépendait d'une matière « encore inconnue existant dans le fumier ou le *sang.* » — Cette matière inconnue ne serait-elle pas un quelconque des principes albuminoïdes du sang ou des matières excrémentielles?

§ XCI

VUTICH (Voir § LXXI). D'après lui, le coton éprouve une espèce de tannage par l'action de l'engallage et de l'alunage, et l'albumine du sang, se combinant à l'acide libre de la garance, isole la matière colorante de cette dernière, qui se combine au coton tanné et aluné.

Cette théorie se résume, en dernier ressort, par l'idée d'une combinaison triple de tannin, d'alumine et de matière colorante, l'albumine ne servant ici que d'isolateur du principe colorant de la garance. Nous verrons, dans les théories modernes, que l'idée du tannage n'est pas abandonnée.

§ XCII

DINGLER (Voir § LXXII). Ce chimiste fait le premier intervenir l'idée de l'altération de l'huile sous l'influence de l'air et de la fiente; l'huile « oxygénée « (le mot y est) se combine aux fibres du coton que l'engallage tanne et auxquelles l'alunage apporte l'alumine; d'où une combinaison, triple encore, d'huile « altérée », d'alun et de tanin, « qui rend la matière colorante si solide. »

§ XCIII

1823. — VITALIS (Voir § LXXIII). Nous nous trouvons ici en présence d'une théorie mûrement étudiée; Vitalis était non-seulement un très-bon chimiste, mais encore un excellent praticien. — Il émet d'abord, et partage une idée reçue à son époque par un certain nombre de chimistes, celle de l'*animalisation* de la fibre du coton par l'action « de la *matière grasse animale de la fiente des ruminants* « dissoute dans la lessive alcaline. » — (Remarquons bien la phrase soulignée).

§ XCIV

(L'idée de l'animalisation est loin d'être abandonnée, même de nos jours, car nous voyons des savants comme Persoz père et Schützenberger en adopter le principe, malgré quelques restrictions. C'est cette idée de l'animalisation qui a fait prescrire, par M. Persoz père, l'emploi de jaunes d'œufs dans le bain blanc. L'idée de l'*animalisation* a été émise par Vogler, à la fin du siècle dernier, et J.-M. Hausmann, après lui, en a fait la base, en 1810, d'un « procédé simplifié pour la teinture dit d'*Andrinople*, par la voie de l'animalisation, ou par d'autres enduits glutineux, séreux ou caséux) (1). »

Établissant le rôle de l'engallage et de l'alunage, Vitalis se résume en disant que « la couleur extraite de la garance se fixe solidement sur le coton par l'intermédiaire des mordants qu'il a reçus, et avec lesquels il a été entièrement combiné d'avance, savoir : la matière grasse de la fiente, le *principe huileux*, le mordant de la galle et l'alun, auxquels il faut ajouter l'*albumine du sang* et, peut-être, d'autres *matières animales* contenues dans ce liquide. »

§ XCV

BERZÉLIUS n'était pas partisan de l'animalisation : « Quelques auteurs, dit-il (2), parlent d'une animalisation du lin et du coton, et ils entendent par là un changement que subirait le lin et surtout le coton, par suite duquel ces étoffes deviendraient aussi propres que la laine à se combiner avec les principes colorants. — Pour opérer cette prétendue animalisation, on prescrivait, par exemple, d'ajouter du crottin de mouton aux bains savonneux, dans lesquels on traite le coton destiné à la teinture en rouge d'Andrinople; mais comme on obtient, sans employer du crottin de mouton, une couleur rouge tout aussi belle et aussi solide, il est évident que l'idée d'une animalisation produite par l'addition d'une substance d'origine animale est erronée. »

Nous croyons que l'illustre chimiste aurait, de nos jours, modifié son opinion, d'une part en faisant une étude spéciale des procédés employés pour les rouges turcs exotiques et européens, et d'autre part en suivant dans la pratique les diverses opérations qui composent ces procédés.

§ XCVI

1830. — D. GONFREVILLE (Voir § LXXIV). Pour ce savant praticien, nul doute qu'il ne fixe sur le tissu « quelque chose de semblable à un *oléate d'alumine* (3) » parfaitement insoluble, et cause de la fixité du rouge de Maduré.

§ XCVII

A propos de cette opinion de M. D. Gonfreville, émise en 1830, ouvrons une parenthèse, et remarquons que c'est après cette époque qu'on voit l'idée des acides gras, existants dans les huiles tournantes, s'accentuer non-seulement dans la pratique, mais encore dans les théories du rouge turc.

Avant 1840, à Elberfeld, on attribuait déjà la propriété tournante que possèdent certaines huiles, à la présence d'acides gras, et on faisait usage d'huiles ordinaires rendues tournantes par l'addition d'un ou de plusieurs de ces acides gras, l'acide oléique entre autres.

---

(1) *Annales de chimie*, t. LXXVI, p. 5.

(2) *Traité de chimie*, édition de 1832, t. VI, p. 110.

(3) On verra que, en 1869, cette idée de l'*oléate d'alumine* a été proposée à nouveau par M. Jenny. *Bulletin de la Société industrielle de Mulhouse*, 1869.)

En 1846, on voit le docteur Kaiser entreprendre et publier des recherches à ce sujet, et proposer l'emploi de l'acide oléique.

Cette idée prend racine en France, où elle donne lieu à diverses préparations d'huiles tournantes artificielles, préparations tenues secrètes, comme celles par exemple de la maison Boniface, de Rouen, jusqu'à l'apparition des remarquables travaux de M. Pelouze père, sur la saponification qu'éprouvent les huiles sous l'influence des matières qui les accompagnent dans les graines, et sur le rôle des acides gras dans la préparation des huiles tournantes (voir §§ 59, 60).

On en arriva même à proposer l'emploi de l'acide oléique pur comme surrogat de l'huile tournante (Procédé Wilson et Walls).

A la même époque, un autre courant d'idées, déjà ancien cependant, celui de « l'oxydation de l'huile », se faisait un certain nombre de partisans, et donnait naissance à divers procédés de préparations d'*huile sulfatée*, d'*huile sulfatée oxydée*, d'*huile oxygénée*, etc., que nous avons décrits dans la troisième partie de ce travail (§§ 61, 62, 63, 64).

§ XCVIII

Reprenons le résumé critique des théories du rouge turc.

1846. — Dumas (Voir § LXXV). Ce savant, se référant aux essais et observations de M. Chevreul, ne fait jouer personnellement à la matière grasse qu'un rôle, pour ainsi dire, mécanique ; elle ouvre les pores du coton et, par un phénomène « d'endosmose, » cède la place à la liqueur teignante. L'engallage et l'alunage « ont pour effet certain de donner un rouge plus élevé. »

Dans l'esprit de M. Dumas, la teinture en rouge turc serait une teinture ordinaire, que l'huile facilite ; du moins, c'est ce qui ressort de ce qu'il disait, en 1846, dans son « *Traité de chimie appliquée aux arts*. » — Remarquons toutefois que M. Dumas dit « que la couleur du rouge turc est plutôt interposée que profondément fixée et qu'elle diffère un peu à cet égard de la couleur du rouge ordinaire. »

§ XCIX

1846. — Persoz père (Voir § LXVI). — Ce savant praticien a pu étudier *de visu* en Alsace et ailleurs les divers procédés de teinture en rouge turc ; néanmoins, il ne donne pas la clef théorique de ce qu'il avait vu si souvent pratiquer. Il appuie cependant sur la « modification mystérieuse » qu'éprouve le corps gras, modification qu'il attribue à la triple influence de l'air, de la chaleur et des carbonates alcalins.

Faisant connaître les expériences de M. Weissgerber (Voir § LXXVII), son élève, il admet, en dernier ressort, que la solidité du rouge turc *pourrait* avoir pour cause principale la formation *sur* le tissu d'un corps gras modifié : 1° par l'action des principes azotés des excréments (bouse, crottin) ; 2° par l'action de l'air et de la chaleur naturelle ou artificielle ; émettant, nettement cette fois, l'opinion de l'inutilité de l'alumine, opinion beaucoup trop radicale à notre sens, et certainement en désaccord avec ce que démontre la pratique.

§ C

1867. — Schützenberger (Voir § LXXVIII). L'habile et savant successeur de M. Balard au collège de France adopte, comme M. Persoz, l'idée de la modification de la matière grasse par l'action des produits excrémentiels des herbivores. Il semble adopter également, mais avec hésitation, l'idée de l'oxydation du corps gras.

La partie la plus saillante des observations théoriques présentées par M. Schützenberger est, sans contredit, le rôle qu'il fait jouer à l'*oléine*, dont il démontre la présence, à l'état d'*acide oléique*, dans la matière visqueuse, extraite des tissus huilés par l'alcool acide, — oléine qui « probablement concourt essentiellement à la production de ce mordant organique spécial. »

En résumé, « l'huile modifiée » agirait, d'après M. Schützenberger, comme « mordant », comme « solidificatrice de la laque rouge », comme jouissant de la propriété d'attirer les oxydes métalliques, ainsi que l'a démontré M. Kuhlmann.

M. Schützenberger paraît aussi partisan de l'idée de la formation d'une laque complexe que les diverses opéra... ns du rouge turc déposeraient « *à la surface* » du tissu. — Enfin, il semblerait admettre l'influence physique de l'huile, comme venant augmenter la solidité de la laque colorée.

§ CI

· 1869. — JENNY (Voir § LXXXI) conclut, comme MM. Gonfreville et Schützenberger, à la formation d'un *oléate d'alumine*. — La matière albumineuse de la bouse de vache ne fait que favoriser l'émulsion de l'huile par sa putréfaction ; quant à l'albumine du sang, M. Jenny ne lui fait jouer que le rôle d'agent clarificateur des bains de garance. — Nous ne partageons pas cette manière de voir au sujet du rôle des matières albumineuses de la bouse et du sang, car nous le croyons contraire aux faits qui ressortent de l'étude des nombreux procédés de fabrication du rouge turc, décrits dans la première et la deuxième partie de ce Mémoire, et aux faits qui ressortent de la pratique.

En somme, pour M. Jenny, il se forme *sur* le tissu une combinaison d'acide gras, d'alumine, de chaux (?), d'acide stannique, de purpurine et d'alizarine, combinaison pénétrée et protégée par une huile neutre saturée d'alizarine pure.

§ CII

1872. — WARTHA (Voir § LXXXII). Ce chimiste fait école à part. Pour lui, le « feu du rouge turc » résulte d'une combinaison particulière d'un acide gras avec l'alizarine, combinaison en partie soluble dans les véhicules neutres.

Rappelons à ce propos que, avant M. Wartha, M. ED. SCHWARTZ, avait démontré que la garance et la garancine cédaient leur matière colorante rouge aux huiles fixes qu'on faisait bouillir avec elles, et que ces huiles ainsi saturées de matière colorante, fournissaient, en teinture, des couleurs aussi vives et aussi résistantes à l'avivage que celles données par la fleur de garance.

M. Wartha ne parle pas de l'alumine et de la matière tannante.

§ CIII

1872-1873. — MULLER (Voir §§ LXXXIII, LXXXIV). Ce chimiste adopte en 1872 l'opinion de M. Wartha ; mais, l'année d'après, émet l'opinion que le coton apprêté pour rouge turc renferme dans ses pores « une certaine proportion convenable d'alun (d'alumine) et de tannin, et qu'il en est de même des peaux chamoisées. » — Poursuivant l'observation comparative, il fait jouer à la gélatine et aux autres matières protéiques de la bouse de vache un rôle tellement important, qu'il en arrive à proposer l'emploi de matières gélatineuses comme surrogat de l'huile tournante, revenant ainsi, sans peut-être s'en douter, aux idées émises en 1796 par J. Vogler, et en 1810 par M. Hausmann (Voir § LXV).

§ CIV

Si on a bien suivi ce résumé critique des théories du rouge turc, on voit ces théories suivre trois voies, différentes au premier abord, mais ayant plus d'un point de contact :

Celle reposant sur l'animalisation du coton ;

Celle reposant sur l'oxydation de l'huile, à laquelle théorie se rattache, chimiquement parlant, l'idée du rôle des acides gras, et particulièrement de l'acide oléique ;

Enfin, celle qui compare l'opération du rouge turc aux opérations du tannage et de la chamoiserie ; cette dernière théorie a un très-grand lien de parenté avec celle de l'animalisation et il est curieux, à près d'un siècle de distance, et en tenant compte des immenses progrès de la chimie organique, d'y voir revenir les chimistes de notre époque.

§ CV

Quand on étudie avec attention les différents procédés de teinture en rouge dit *d'Andrinople*, que nous venons de décrire, soit ceux des Indes, de la Grèce, de la Turquie, ou les procédés français depuis leur importation dans notre pays jusqu'à ceux de nos jours, on constate tout d'abord, quelle que soit la longueur des nombreux détails de la fabrication, une grande unité dans la nature et l'emploi des substances mises en œuvre au contact du coton filé ou tissé.

Ces substances se ramènent toutes à six groupes principaux, savoir :

1° La *matière grasse*, végétale ou animale ;

2° Les *matières albuminoïdes*, végétales et animales, en dissolution naturelle ou artificielle, ou en suspension dans les huiles, les émulsions alcalines, etc. Exemple : les *huiles tournantes naturelles*, le *jaune d'œuf*, le *sang*, le *fiel de bœuf*, les *matières excrémentielles des herbivores*, etc.

3° Les *matières riches en tannin*, comme le *cadou* ou *cadoucaie*, les *myrobolans*, le *fustet*, la *noix de galle*, le *sumac*, etc.

4° Les *matières alumineuses*, comme l'alun et autres sels d'alumine, certaines terres alumineuses, etc.

5° Les *principes colorants de la garance*, ou des rubiacées exotiques (et aujourd'hui l'alizarine et la purpurine artificielle), matières colorantes modifiées, au contact du coton mordancé aux mordants gras, par les carbonates alcalins, alcalino-terreux ou terreux, naturels ou fabriqués par l'industrie.

6° Enfin les *matières d'avivage et de rosage*, telles que l'oxygène de l'air, le savon, les carbonates alcalins, le son, les sels d'étain, etc.

§ CVI

On constate également sensiblement la même unité dans la marche des opérations :

Après avoir préparé le coton par le blanchiment, le décreusage et le dégraissage, on procède à des trempages réitérés du coton filé ou tissé, dans une émulsion alcaline huileuse contenant *toujours* une substance albumineuse ou de nature albuminoïde, en faisant sécher le coton à chaque fois à une température *déterminée* (1). — On alune et engalle ensuite, c'est-à-dire qu'on fait intervenir l'alumine et le tannin. On procède ensuite à la teinture, c'est-à-dire au garançage ; enfin on termine par l'avivage et le rosage, soit comme aux Indes, par une exposition raisonnée du coton teint sur les « parquets », à la triple influence de l'oxygène de l'air, du soleil et de l'humidité, soit comme en Europe à l'aide du savon, du son et enfin du sel d'étain.

Quelquefois on réduit ces opérations, comme dans l'ancien procédé Hausmann et quelques procédés actuels, en huilant et alunant dans la même opération.

Au fur et à mesure que la science chimique se rend compte des opérations de cette teinture spéciale, on voit en diminuer le nombre et surtout la durée. Aux Indes, ces opérations durent encore trois mois ; elles ont moins de durée en Europe et surtout en France, où, s'il faut en croire la relation du procédé de M. Cordier, ce teinturier serait arrivé à n'employer que cinq à six jours pour teindre du coton filé ou tissé en rouge turc.

---

(1) Il est curieux de remarquer que pour ces séchages effectués après chaque trempage dans le bain blanc, on ne dépasse jamais le point de coagulation de l'albumine. — On arrive à une dessiccation de la matière albuminoïde, mais qui n'est pas la coagulation ; celle-ci ne se produit, à un état particulier, qu'ultérieurement.

§ CVII

Si, d'autre part, on examine sérieusement les résultats que fournit l'analyse *immédiate* d'échantillons de rouge turc et de cotons dits *huilés*, on retrouve les mêmes principes, plus ou moins modifiés sous les diverses influences physiques et chimiques auxquels ils ont été exposés, dans les diverses phases de leur mise en œuvre. En un mot, l'analyse démontre la présence :

1° D'un corps gras dit *modifié*, c'est-à-dire un acide gras simple ou composé ;

2° D'une matière albuminoïde (albumine, mucilage, caséum ou matière protéique) ;

3° D'alumine ;

4° De tannin ou produit similaire, ou une modification de cette substance ;

5° De matières colorantes, principalement d'alizarine et de purpurine.

Nous disons *principalement*, car, dans certains rouges turcs étrangers, on retrouve très-bien les matières colorantes étrangères à la garance, qu'on a fait intervenir soit avant (pour servir pour ainsi dire de pied de cuve), soit pendant l'opération du garançage.

Nous faisons remarquer aussi que, dans certains rouges turcs, on ne trouve pas de tannin ou de matières tannantes équivalentes, ce corps n'étant pas, en somme, d'absolue nécessité.

§ CVIII

Si, au point de vue théorique, on étudie comparativement les divers procédés exotiques, européens et français, de teinture en rouge turc, et les diverses théories auxquelles ces procédés ont donné lieu, on constate, d'après nous du moins, le fait suivant : c'est que presque toutes les théories attribuent un rôle sérieux aux principes albuminoïdes, et, disons-le de suite, nous ne trouvons pas que la théorie de « l'huile modifiée » détruise ce rôle.

Examinant bien, en effet, les résultats des expériences de MM. Chevreul, Weissgerber et Schützenberger, sur la matière grasse « de nature particulière », extraite d'échantillons de coton huilé et de coton teint en rouge turc, on remarque que ces chimistes ont extrait un corps gras *très-complexe*, dans lequel prédominent cependant un ou plusieurs acides gras. Pour M. Schützenberger, ce serait un dérivé de l'oléine ; cet habile chimiste se trouve en cela d'accord avec M. Gonfreville et avec M. Jenny, qui font jouer à l'*oléate d'alumine* un rôle prédominant dans la théorie du rouge des Indes.

Mais remarquons combien l'étude de ce corps gras « visqueux, se séparant en deux couches », est incomplète.

Pourquoi ce corps gras ne contiendrait-il pas une substance albuminoïde quelconque ?

Pourquoi, d'autre part, ne serait-ce pas un oléate d'alumine combiné à une matière protéique, mélange ou combinaison complexe soluble ou au moins entraînable dans l'essence de térébenthine, l'acétone, l'alcool, etc.? Où est l'impossibilité de ces deux suppositions ?

§ CIX

Dans toute théorie de chimie industrielle, on doit tenir compte des faits de la pratique, et la ténacité séculaire de l'emploi des matières albuminoïdes végétales ou animales est trop palpable dans le plus grand nombre des procédés de teinture en rouge turc, européens ou exotiques, pour qu'on la néglige de parti pris.

Nombre de teinturiers en rouge d'Andrinople ont des secrets de fabrication, ou plutôt des tours de main ; mais, de l'aveu de la plupart d'entre eux, l'utilité d'un principe albuminoïde animal est hors de doute, soit que ce principe soit apporté par les matières excrémentielles des herbivores, soit par d'autres matières sécrétées par l'économie animale, comme le sang, le fiel, etc.; soit par l'emploi de matières animales extraites industriellement des résidus animaux, comme la gélatine, la fibrine ou autre matière de nature similaire, déduction logique de l'idée de l'animalisation de la fibre végétale, coton ou autre ; et, nous le répétons, le rôle de la matière animale n'est pas contraire à l'idée de l'huile oxydée ou du rôle des acides gras, car on peut parfaitement admettre que ces matières animales contractent une combinaison avec la matière grasse dite *modifiée*, ou mieux avec les acides gras résultant de l'oxydation de la matière grasse, à l'instar, en somme de ces combinaisons grasses protéiques complexes qui existent dans les matières cérébrales, dans les matières bilieuses, dans le jaune d'œuf, etc.

L'hypothèse ci-dessus est-elle donc inadmissible, et, en tous cas, est-il besoin, pour l'admettre, de faire appel à des équations mystérieuses, quand la pratique donne, à notre sens, tous les éléments du problème? Ne sait-on pas aujourd'hui :

Que les acides gras, soit naturellement contenus, ou se développant ultérieurement dans les huiles tournantes, soit ajoutés intentionnellement aux huiles non tournantes, entrent dans la première opération du rouge turc : *l'huilage* du coton?

Qu'une matière albuminoïde végétale (mucilage des huiles, etc.) ou animale (sang, fiel, excréments de ruminants, etc.) entre conjointement dans cette opération ou la suit?

Que les matières colorantes de la garance (alizarine et purpurine) sont, d'une part, solubles non-seulement dans les huiles, mais aussi dans les acides gras, l'acide oléique entre autres ; et, d'autre part, que ces matières colorantes sont aussi non-seulement solubles dans les dissolutions albumineuses, mais, ainsi que la démontré Berzélius, qu'elles contractent une combinaison intime avec l'albumine (1)?

A cela nous ajouterons :

§ CX

Que l'état d'hydratation du mordant à base d'alumine ou à base d'albumine (ou autre matière albumineuse) fait beaucoup pour le ton de la teinture en général, et de la teinture en rouge turc en particulier. — Ainsi, de l'alumine hydratée, récemment précipitée, ne se teint qu'en rose; si on la dessèche, sans la calciner, de manière à l'obtenir pulvérulente et impalpable, elle prend une teinte rouge beaucoup plus élevée en ton; cependant l'alumine est encore hydratée; la teinture a été faite, dans les deux cas, avec la solution alcoolique de garance, afin de se placer dans les mêmes conditions.

De même, de l'albumine blanche, récemment coagulée, se colore en rouge faible; mais si on la fait, au préalable, dessécher avec soin et qu'on la réduise en poudre fine, cette poudre se teint en rouge foncé. — Cette observation est beaucoup plus frappante pour l'albumine que pour l'alumine.

Nous avons fait varier de bien des manières cette partie de nos essais, soit avec la poudre fine d'albumine *coagulée* et séchée, soit avec la poudre d'albumine *non coagulée*, mais séchée dans le vide :

1° En mordançant, pour ainsi dire, l'albumine avec les divers mordants alumineux et stanneux ;

2° En modifiant le bain de garance, par la craie, le carbonate de soude, etc., et toujours nous avons constaté la même grande différence dans le ton chromatique du rouge.

§ CXI

Quoique, en dernier ressort, nos observations dernières nous conduisent à être partisan d'une laque où l'oléate d'alumine joue un rôle important, notre attention, néanmoins, a été appelée sur les essais de Vogler et autres, où la matière grasse est supprimée, et nous avons acquis la certitude qu'il est possible de produire sur le tissu, sans matière grasse, des laques alumino-organiques se rapprochant beaucoup, par le ton et la teinte, de la couleur du rouge d'Andrinople.

(1) Si on fait coaguler par la chaleur du blanc d'œuf étendu d'eau dans une solution d'alizarine, la matière colorante se combine à l'albumine, et a liqueur est presque décolorée (Berzélius)

8

En effet :

1° On peut produire une triple combinaison insoluble d'albumine, d'alumine et de tannin : à une solution d'albumine (d'œuf ou de sang) on ajoute de l'acétate d'alumine, la liqueur reste claire; en y ajoutant une solution aqueuse de tannin, il se forme immédiatement un précipité blanc qui, rassemblé par une douce chaleur et desséché à l'étuve, attire fortement la matière colorante rouge de la garance, non pas dans le ton du rose, mais dans celui du rouge foncé.

La même expérience faite sur le tissu, en se plaçant dans les conditions de la pratique tinctoriale, donne le même résultat.

Dans cette combinaison le tannin paraît être utile, car le précipité obtenu en coagulant par la chaleur ou l'alcool, une solution mixte d'acétate d'alumine (ou autre sel soluble d'alumine) et d'albumine, donne avec la garance une coloration plus jaune; le rôle du tannin serait donc d'attirer spécialement la matière colorante rouge, fait d'ailleurs déjà connu avant nous.

2° A la combinaison ci-dessus, on peut ajouter la chaux : dans une solution d'albumine on ajoute une solution d'alun, puis de l'eau de chaux avec une solution aqueuse de tannin ; il y a coagulation immédiate. — On chauffe pour rassembler le précipité blanc grisâtre qu'on lave à l'eau chaude. Quoique l'alun soit mis en excès, le précipité ne donne à l'analyse que 2.50 pour 100 environ d'alumine. Les eaux de lavage ne précipitent ni par l'oxalate d'ammoniaque, ni ne se colorent par les sels de fer. — Cette quadruple combinaison desséchée, réduite en poudre impalpable, se teint également très-fortement en *rouge* par les solutions alcooliques de garance ou de garancine.

Comme dans le premier cas, cette quadruple combinaison peut se faire sur le tissu.

Dans les deux cas, les laques colorées obtenues s'avivent très-bien par les moyens ordinaires d'avivage, son, savon, chlorures d'étain (protochlorure et oxymuriate).

Résumons-nous :

§ CXII

A notre point de vue, il résulte de l'étude attentive des divers procédés de teinture en rouge turc, des observations que nous avons recueillies et des nôtres propres :

1° Que le corps gras employé apporte avec lui un acide gras, l'acide oléique, ou donne naissance à un acide gras, le même, ou un acide gras similaire, ou un mélange d'acides gras, où l'acide oléique prédomine ;

2° Que, dans l'opération de l'alunage, cet acide gras, simple ou composé, se combine avec une certaine quantité de l'alumine mise en liberté dans cette opération, sel gras à base d'alumine qui peut aussi se former par voie de double décomposition entre les sels gras alcalins et les sels d'alumine ;

3° Que cet acide gras contracte, en même temps, une sorte de combinaison avec la matière albuminoïde, soit avec l'espèce d'albumine végétale des huiles dites *tournantes*, soit avec les matières albuminoïdes animales du jaune d'œuf, du sang, du fiel, lorsqu'on emploie ces matières, ce qui a lieu encore très-souvent, soit avec les matières albuminoïdes de la bouse de vache ou du crottin de mouton, de cabri, etc.;

4° Que cette triple combinaison d'acides gras, d'alumine et de matière albuminoïde n'a pas la stabilité d'un composé défini, car des liquides neutres comme l'essence de térébenthine, l'acétone, l'essence de pétrole, le sulfure de carbone, l'alcool, etc., la dédouble, ou plutôt la divise en plusieurs parties, les unes solubles dans ces véhicules, les autres insolubles ou restant visqueuses ;

5° Que cette triple combinaison ne contracte pas de combinaison intime avec la fibre végétale du coton, puisqu'il suffit de l'action de ces véhicules neutres pour la détacher du coton filé ou tissé, sur lequel il a été constaté d'ailleurs qu'elle n'est qu'à la surface, ou, en tous cas, à une faible profondeur, fait qui pourrait bien constituer un des caractères physiques de l'*éclat* du rouge turc;

6° Que cette triple combinaison s'unit ou plutôt *se teint* au contact des matières colorantes de la garance, sans pour cela contracter de combinaison intime avec la fibre du coton, comme cela a lieu, ou au moins comme les faits semblent le prouver, dans les opérations de la teinture sur tissus mordantés aux mordants ordinaires;

7° Que la laque ainsi formée et isolée du tissu, ou produite à part, en dehors du coton, peut s'aviver par les moyens ordinaires d'avivage et de rosage ;

8° Que l'état d'hydratation, ou mieux ici, que l'état de dessiccation de la triple combinaison d'acides gras, d'alumine et de matière albuminoïde, entre pour une part dans l'élévation chromatique du ton du rouge;

9° Que, lorsqu'on fait intervenir l'engallage dans la série des opérations (ce qui n'a pas toujours lieu), le tannin peut avoir pour effet d'isoler l'alumine (du sel d'alumine employé), en même temps d'isoler les matières colorantes dominantes de la garance (alizarine et purpurine), et enfin de donner une plus grande fixité à la combinaison quadruple ci-dessus.

Nous sommes, on le voit, partisan de l'animalisation, et nous désirons qu'on soit bien fixé sur le sens que, personnellement, nous attachons à ce mot.

Nous n'entendons pas, comme on le disait autrefois, l'animalisation de la fibre végétale avec l'idée d'une modification intime à faire éprouver *à la fibre*, dans le but de lui donner les propriétés des fibres animales, comme la laine ou la soie; nous entendons par animalisation, le dépôt à la surface ou à une faible profondeur de la fibre végétale, d'un mordant organique animal et gras, particulier, qui permet à cette fibre filée ou tissée, servant de support, de se revêtir, dans l'acte de la teinture proprement dite, d'une couleur uniforme.

Ainsi que nous l'avons dit dans la première partie de ce travail, nous espérons que nos premières études historiques sur la garance (1), unies à celles qui font l'objet du présent Mémoire, jetteront quelques clartés sur les origines si obscures du rouge turc et sur la théorie de cette teinture, et pourront être de quelque utilité à de plus heureux que nous pour la recherche de la vérité.

Théodore CHATEAU.

(1) Voir page 36.

FIN

BIBLIOGRAPHIE DE LA TEINTURE EN ROUGE TURC

1743. *Recueil des lettres* ou *Histoires édifiantes des missionnaires* de la Compagnie de Jésus. (26ᵉ recueil, 1743.)

1756. HELLOT. — *L'Art de la teinture*, p. 369. (Bibliothèque du Conservatoire des arts et métiers de Paris, E. 190.)

1754-1760. *Histoires édifiantes*, etc. Observations de M. Bourdier.

1760.   Dito. — Lettre de M. de Beaulieu à M. Dufay.

—   L'ABBÉ MAZÉAS. — Expériences sur la teinture en rouge turc. (V. *Vitalis*.)

—   Q***. — *Traité des toiles peintes*, 1760, Amsterdam et Paris. (Bibliothèque du Muséum de Paris.)

1765. LE GOUX DE FLAIX. — Mémoire sur l'industrie des Indiens (*Annales d'Oreilly*, t. XVII.)

—   Dito. — *Essai sur les Indes orientales*.

—   *Mémoire concernant le procédé de la teinture du coton en rouge incarnat d'Andrinople sur le coton filé* (publié par le gouvernement en 1765). — (Voir Le Pileur d'Appligny et *Vitalis*.)

1766. FLACHAT (J.-C.), directeur des établissements levantins et de la manufacture royale de Saint-Chamond. — *Sur le commerce et sur les arts d'une partie de l'Europe, l'Asie, l'Afrique, etc.* Lyon, 1766, 2 vol. in-12.

1776. LE PILEUR D'APPLIGNY. — *L'Art de la teinture des fils et étoffes de coton*, 1ʳᵉ édition, 1776. — Autre édition in-12, 1798, p. 146.

1778. MACQUER. — *Dictionnaire de Chimie*, 2 vol. in-4°, 1778.

1780. VOGLER. — Extrait d'un essai sur la teinture du fil et du coton avec la garance. (*Annales de chimie*, 1ʳᵉ série, t. IV, p. 104.)

—   GREEN. — Essais pour teindre le coton en vrai rouge de Turquie. (*Annales de chimie*, 1ʳᵉ série, t. IV, p. 150.)

—   BERTHOLLET. — Expériences sur la teinture avec la garance. (*Annales de chimie*, 1ʳᵉ série, t. IV, p. 152.)

1791. POERNER. — *Instruction sur l'art de la teinture.*

—   BERTHOLLET. — *Éléments de l'art de la teinture*, Paris, 1791, in-8°. (Bibliothèque du Conservatoire des arts et métiers, E. 193.)

—   HAUSMANN (J.-M.). — Lettre à Berthollet sur l'avantage du carbonate de chaux dans la teinture de la garance. (*Annales de chimie*, 1ʳᵉ série, t. X, p. 326, et *Annales des arts et manufactures*, an X, n° 24, p. 240.)

1799. FÉLIX (le voyageur). — Extrait d'un Mémoire sur la teinture et le commerce du coton filé rouge de la Grèce. (*Annales de chimie*, 1ʳᵉ série, t. XXXI, p. 195.)

—   DARCET, DESMARETS ET CHAPTAL. — Rapport sur ce Mémoire. (*Annales de chimie*, 1ʳᵉ série, t. XXXI, p. 214.)

1802. HAUSMANN (J.-M.). — Observations sur le garançage, suivies d'un procédé simple et constant pour obtenir de la plus grande beauté et solidité, la couleur connue sous la dénomination du rouge du Levant ou d'Andrinople. (*Annales de chimie*, 1ʳᵉ série, t. XLI, p. 124.)

1803. *Le même*. — Addition au Mémoire sur le garançage et la teinture du fil de coton et de lin en rouge d'Andrinople et autres couleurs solides. (*Annales de chimie*, 1ʳᵉ série, t. XLVIII, p. 233.)

1802. N***. — Manière employée dans l'Orient pour teindre le coton en rouge. (*Bulletin de la Société d'Encouragement de Paris* fructidor, an XII, p. 67.)

1803. N***. — Méthode employée à Ratisbonne pour blanchir le coton et lui donner, ainsi qu'au lin, une belle couleur rouge. (*Bulletin de la Société d'Encouragement de Paris*, fructidor an XIII, t. IV, p. 60.)

—   GMELIN. — Procédé de teinture de Gmelin, pour donner au coton la belle couleur et la solidité du rouge d'Andrinople. (*Bulletin de la Sociéte d'Encouragement de Paris*, vendémiaire an XII, p. 88.)

1804. N***. — Méthode employée sur la côte de Coromandel pour donner aux étoffes une belle couleur rouge. (*Bulletin de la Société d'Encouragement de Paris*, brumaire an XIV, p. 120.)

—   BERTHOLLET. — *Éléments de l'art de la teinture*, Paris, 1804, 2ᵉ édition, p. 110-116.

1807. CHAPTAL. — *L'Art de la teinture en rouge*, Paris, 1807, in-8°, avec fig.

1808. VITALIS (J.-B.). — *Essai sur l'origine et les progrès de l'art de la teinture en France et particulièrement de l'art de teindre le coton en rouge dit des Indes*, Rouen, 1808, brochure in-8°.

—   GERVAIS (Gabriel). — Mémoire sur les origines du rouge des Indes, à Rouen. (*Bulletin de la Société d'Émulation de la Seine-Inférieure*, 9 juin 1808, p. 13 à 16.)

1808. Deloge. — Moyen de teindre les fils de lin et de chanvre en écheveaux, en couleurs fixes, rouge, violette et brune ou paliakat, aussi solides que sur le coton. Brevet d'invention de dix ans, en date du 6 mai 1808. (*Description des brevets expirés,* t. VII, p. 373.)

1808-1809. Société d'Encouragement de Paris. — Prix pour la découverte d'un procédé propre à donner à la laine, avec la garance, la belle couleur rouge du coton d'Andrinople. (*Bulletin de la Société,* t. VII, p. 224, t. IX; p. 202; t. X, p. 13 du Programme; t. XVI, p. 36, dito.)

1809. Saint-Évron. — Teinture rouge avec la garance, par Saint-Évron, teinturier à Rouen. (*Bulletin de la Société d'Encouragement,* t. VIII, p. 43.)

— **Roard.** — Note sur quelques couleurs obtenues avec la garance. (*Bulletin de la Société d'Encouragement,* t. VIII, p. 46.)

1810. Hausmann (J.-M.). — Procédé simplifié pour la teinture du rouge dit d'Andrinople, par la voie de l'animalisation, ou par d'autres enduits glutineux, séreux et caséeux. (*Annales de chimie,* t. LXXVI, p. 5.)

1811. Weber. — Composition d'une couleur rouge dite *de Turquie, d'Andrinople* ou *des Indes :* procédés propres à en faire usage dans la teinture des toiles de coton, et moyen de faire des réserves sur lesdites toiles pour y appliquer d'autres couleurs. Brevet d'invention de dix ans, pris le 25 mars 1811. (*Description des brevets expirés,* t. VIII, p. 373.)

1812. Gonin. — Médaille d'or donnée à M. Gonin, pour le concours de la garance. (*Bulletin de la Société d'Encouragement),* t. XI, p. 185.)

1813. Arvers. — Mémoire sur l'emploi du muriate d'étain dans la teinture, et surtout dans celle du coton en rouge des Indes. (*Bulletin de la Société libre d'Émulation de la Seine-Inférieure,* 9 juin 1813, p. 19 à 21.)

— **Bancroft.** — *Researches concerning the philosophy of permanent colours, and the best means of producing them, by dyeing, calico printing,* etc. (Bibliothèque du Conservatoire des arts et métiers, de Paris, in-8°, K E. 8.) — Traduction anglaise, avec additions et notes, par Dingler et Kurrer, 2 vol. in-8°, p. 222, 278, 292, 328.)

1816. Gervais (Gabriel) et Arvers. — Recherches sur les origines et les progrès de la fabrication des toiles imprimées à Rouen, dites *indiennes.* (*Bulletin de la Société libre d'Émulation de la Seine-Inférieure,* 2 juillet 1816, p. 64 à 76.)

1818. Homassel. — *Cours théorique et pratique de l'art de la teinture,* 3° édition, 1818, Paris, in-8°, p. 122-293.

1821. Streccius. — Procédé de teinture au moyen de la garance. (*Bulletin de la Société d'Encouragement de Paris,* t. XX, p. 244, et *Traité de chimie de Schubart,* t. III, p. 286.)

1821-1822. Andrew Ure. — *Dictionnaire de Chimie;* traduction de J. Riffault sur l'édition anglaise de 1821, article *Garance,* t. III, p. 281.

1826. N°°°. — Teinture de la laine en rouge solide par la garance. (*Journal des Connaissances usuelles,* 1826, t. III, p. 267.)

1827. Bergues. — *L'Art du teinturier,* Paris, 1827, in-12, p. 28, 130, 208.

1827 à 1838. D. Gonfreville. — Divers rapports sur l'industrie indienne : Teinture en bleu des Guinées; Teinture en rouge vif de Maduré, pour les turbans; en rouge enfumé des mouchoirs de Madras; en rouge brun de Palliacate, pour les pagnes; — adressés à l'Administration coloniale française, à la fin de chaque année, de 1827 à 1832.

Mémoires publiés en partie par le *Technologiste,* 1845-46 et 1846-47, t. VII et VIII.

1829. Leechs (J.-Ch.). — *Traité complet des propriétés des matières tinctoriales et des couleurs,* traduit par Péclet, Paris 1829.

1832. Schwartz (Ed.). — Rapport sur l'essai comparatif de quelques substances tinctoriales des Indes, chayaver, mungeet, nona, espèces de Rubiacées. (*Bulletin de la Société industrielle de Mulhouse,* t. V, p. 296.)

1833. Gonfreville. — Tableau des cent principales substances employées dans les peintures, teintures et apprêts de l'Inde. (*Bulletin de la Société libre d'Émulation de la Seine-Inférieure,* 1833.)

1835-1836. Runge (F.-F.). — *Monographie chimico-technique de la garance,* etc., traduction par Gaultier de Claubry. (*Annales de chimie et de physique,* 1836, t. LXIII, p. 282.)

1836. Virey. — Sur les alizaris d'Orient. (*Journal de Pharmacie,* 1836, t. XXII, p. 523.)

— **Girardin (J.).** — Observations sur le munjeet ou garance des Indes orientales. (*Revue du Nord,* p. 25; extrait et traduit par J. Girardin, du *Records of general Sciences, by Robert D. Thomson,* février 1836, p. 139.)

1839. Andrew Ure. — *A Dictionnary of Arts, Manufactures and Mines.* (London, 1839, gros vol. in-8°, article *Madler,* p. 783.)

— **Baillot.** — *Nouveau manuel du teinturier,* p. 84. (Bibliothèque du Conservatoire des arts et métiers, E. 196. A.)

1842-1843. Documents sur l'industrie cotonnière conservés dans les Archives de la Société de commerce de Rouen et présentés à l'Association normande, en 1842. (*Annuaire des Cinq départements*, 9e année, 1843.)

1846. DUMAS. — *Traité de chimie appliquée aux arts*, Paris, 1847, t. VIII.

— PERSOZ. *Traité théorique et pratique de l'impression des tissus*. Paris, 1846, 4 vol. in-8°, Victor Masson et fils.

— MERCIER (J.) et GREENWOOD. — Perfectionnements dans la teinture et l'impression en rouge turc et autres couleurs. (*Le Technologiste*, t. VIII, p. 349.)

— KAISER (Dr L.). — Procédé pour rendre tournante l'huile d'olive dans la teinture en rouge turc. (*Le Technologiste*, t. VIII, p. 487.)

— *Mémoires de la Société d'Industrie de Rouen.*

— KARSTNER. — *L'Ami de l'Industrie.*

1850. STEINER. — Perfectionnement dans les procédés mécaniques et les appareils employés dans la teinture en rouge turc, sur les fils et tissus de coton. (*Le Technologiste*, t. XII, p. 157.)

1853. BOLLEY. — Moyen pour reconnaître la qualité des huiles tournantes dans la teinture en rouge turc. (*Le Technologiste*, t. XV, p. 305.)

1855-1856. PELOUZE (E.). — Sur les huiles employées dans la fabrication du rouge turc. (*Mémoires de l'Académie des sciences, de Paris*, et *Le Technologiste*, t. XVII, p. 638.)

1855. WILSON (G.F.) et WALLS (W.). — Emploi de l'acide oléique dans la teinture en rouge turc. (*Le Technologiste*, t. XVII, p. 361.)

1860. GIRARDIN (J.). — *Leçons de chimie élémentaire appliquées à l'industrie*, t. II, p. 679.

1862. BOLLEY (Dr). — Analyse d'une composition employée dans la teinture en rouge d'Andrinople. (*La Science pour tous*, 7e année, n° 20, p. 159.)

1864. CHATEAU (Th.). — Histoire de la garance et de ses dérivés, — Partie historique. (*L'Invention*, de M. Desnos-Gardissal, août et septembre 1864.)

1867. SCHUTZENBERGER (P.). — *Traité des matières colorantes*, Paris, 1867, 2 vol., t. II, 280.

— BANCE (A.). — Perfectionnements dans la teinture en rouge turc. (*Le Technologiste*, 1867-68, t. XXIX, p. 461.)

1869. JENNY. — Mémoire sur la théorie de la fabrication du rouge d'Andrinople. (*Bulletin de la Société industrielle de Mulhouse*, rapporteur : M. Schaeffer ; — et *Moniteur de la teinture*, de Gouillon, 1870.

1872. WARTHA (V.) et MULLER. — Sur l'alizarine de la garance et la teinture en rouge turc. (*Chemisches Centralblatt*, 1872, n° 6, et *Technologiste*, 1873, p. 61.)

— GRÖTHE (H.). — Production du rouge turc avec l'alizarine artificielle. (*Muster Zeitung*, 1872, t. Ier, et *Technologiste*, 1872, t. XXXII, p. 299.)

— SALVETAT. — *Dictionnaire des arts et manufactures*, 3e édition, 2e tirage, 1872, t. II, article Teinture.

1874. MULLER (A.). — Sur un surrogat du bain d'huile dans la teinture en rouge turc. (*Chemisches Centralblatt*, 1873, n° 34, et *Technologiste*, 1874, t. XXXIV, p. 13.)

— ROEMER (P.). — Emploi de l'alizarine artificielle dans la teinture en rouge turc. (*Muster Zeitung*, 1873, n° 39, et *Technologiste*, 1874, p. 14.)

Bulletin de la Société industrielle de Mulhouse : SCHWARTZ (Ed.), Essai sur la solubilité de la matière colorante de la garance dans les huiles fixes, t. XXV, p. 160-164. — KOECHLIN-SCHOUCH, Mémoire sur le mordant rouge, *dito*, t. Ier, p. 277 et 222.

Dingler's Polytechnisches Journal. — *Rouge turc*, tomes XVI, XIX, XX, XXII, XXIII, XXIV, XXVII, XXVIII, XXX, XXXI, XXXIII, XXXIX, XL, XLIII, XLV, XLVI, LVIII, L, LII, LIV, LV, LVII, LVIII, LXIV, LXV, LXIX, LXX, LXXII, LXXIII, LXXIV, LXXVII, LXXVIII, LXXXII, LXXXV, XCI, XCII, XCV, XCVII, XCVIII, CI, CIII, CIV, CV, CVI, CX, CXI, CXII, CXIV, CXVIII, CXX, CXXIV, CXXVI, CXXVII, CXXIX, CXXXI, CXXXIX, CXL, CXLI, CXLII, CXLIV, CXLV, CXLVI, CXLVII, CXLIX, CLI, CLIII, CLV, CLVII.

Voir aussi : le *Répertoire de chimie appliquée* ;
le *Bulletin de la Société chimique* ;
l'*Annalen der Chemie und Pharmacie* ;
le *Muster Zeitung* (*Journal des Échantillons*, rédigé par M. Springmuhl).

Ouvrages à consulter sur l'Inde. — Poivre, Sennerat, le P. Du Halde, Roxburg, Félix Reynouard, Le Goux de Flayx, l'abbé Dubois, le comte de Valentia, Skinner, Heber, Fraser, Cox, Tunkawski, Buckingham, Biornsternia, Burkchardt, Amherst, Finlayson, Macartney, Heller, Burner, Fontanier, Burnouf, Langlès, Barchou de Penhoen, de Warren, Geringer, Belanger, Victor Jacquemont, Dumont d'Urville.

OUIN-LACROIX. — *Sur les anciennes corporations de Rouen*, p. 135.

TABLE ANALYTIQUE

—✦—

PREMIÈRE PARTIE

DEUXIÈME PARTIE

TROISIÈME PARTIE

QUATRIÈME PARTIE

68954   Paris. — Typographie de Vᵉ RENOU, MAULDE, et COCK, rue de Rivoli, nᵒ 144.